Benjamin Dietrich

Thermische Charakterisierung von keramischen Schwamm-strukturen für verfahrenstechnische Apparate

Thermische Charakterisierung von keramischen Schwammstrukturen für verfahrenstechnische Apparate

von
Benjamin Dietrich

Dissertation, Karlsruher Institut für Technologie
Fakultät für Chemieingenieurwesen und Verfahrenstechnik,
Tag der mündlichen Prüfung: 26.11.2010

Impressum

Karlsruher Institut für Technologie (KIT)
KIT Scientific Publishing
Straße am Forum 2
D-76131 Karlsruhe
www.ksp.kit.edu

KIT – Universität des Landes Baden-Württemberg und nationales
Forschungszentrum in der Helmholtz-Gemeinschaft

KIT Scientific Publishing 2010
Print on Demand

ISBN 978-3-86644-606-9

Thermische Charakterisierung von keramischen Schwammstrukturen für verfahrenstechnische Apparate

zur Erlangung des akademischen Grades eines
DOKTORS DER INGENIEURWISSENSCHAFTEN (Dr.-Ing.)

der Fakultät für Chemieingenieurwesen und Verfahrenstechnik des
Karlsruher Instituts für Technologie (KIT)

genehmigte
DISSERTATION

von
Dipl.-Ing. Benjamin Dietrich
aus Tettnang

Referent: Prof. Dr.-Ing. habil. Holger Martin
Korreferent: Prof. Dr.-Ing. Georg Schaub
Tag der mündlichen Prüfung: 26.11.2010

Vorwort

Die vorliegende Arbeit entstand während meiner Zeit als wissenschaftlicher Mitarbeiter am Institut für Thermische Verfahrenstechnik des Karlsruher Instituts für Technologie (KIT) zwischen Januar 2006 und März 2010. An dieser Stelle möchte ich den vielen Menschen danken, die zum Entstehen und Gelingen dieser Arbeit beigetragen haben.

Mein besonderer Dank gilt meinem Doktorvater, Herrn Prof. Dr.-Ing. habil. Holger Martin für seine Unterstützung, sein mir entgegengebrachtes Vertrauen sowie die Freiheiten, die er mir für die Durchführung meiner Arbeit gewährt hat. Ich danke ihm für die wertvollen Anregungen sowie die fachlichen wie auch außerfachlichen Gespräche.

Herrn Prof. Dr.-Ing. Matthias Kind, dem Leiter des Instituts, danke ich ganz herzlich für das Interesse an meiner Arbeit und die Unterstützung sowie die fachlichen und außerfachlichen Gespräche, durch welche stets gute Anregungen entstanden sind.

Herrn Prof. Dr.-Ing. Volker Gnielinski möchte ich herzlich für seine kritischen Fragen und Anregungen im Verlauf der Arbeit danken.

Herrn Prof. Dr.-Ing. Georg Schaub danke ich ganz herzlich für die freundliche Übernahme des Korreferats und das Interesse, das er an dieser Arbeit gezeigt hat.

Ich bedanke mich ganz herzlich bei der DFG für die Finanzierung meines Projektes innerhalb der Forschergruppe FOR 583 sowie den Mitgliedern für die fachlichen und fruchtbaren Diskussionen bei den regelmäßig abgehaltenen Workshops.

Bei allen Kollegen und Freunden am Institut, insbesondere bei den Herren Joachim Krenn, Markus Wetzel und Markus Schlegel, möchte ich mich ganz herzlich für die gute und angenehme Zusammenarbeit sowie für die fachlichen und fruchtbaren Diskussionen danken. Auch möchte ich mich über alle inner- und außeruniversitären Aktivitäten bedanken, die mir stets in guter Erinnerung bleiben werden.

Weiterhin bedanke ich mich ganz herzlich bei den Herren Steffen Haury, Stefan Fink, Michael Wachter, Markus Keller, Roland Nonnenmacher, Lothar Eckert und Eugen Mengesdorf für die sehr gute Unterstützung in der Planung, Konstruktion und Fertigung meiner Versuchsanlagen. Bei Frau Gisela Schimana bedanke ich mich für die hervorragende Unterstützung bei jeglicher Verwaltungstätigkeit.

Für ihr Engagement im Rahmen von Studien- und Diplomarbeiten sowie als wissenschaftliche Hilfskräfte danke ich ganz herzlich den Herren Michael Rohmer, Hamed Belhaj, Xu Li, Christian Vetter, Markus Wetzel, Manuel Raqué, Markus Schlegel, Jermaine Groneberg, Pascal Bormann, Alexander Stettinger, Patrick Lenz, Jörg Weber und Daniel Werner. Viele ihrer Untersuchungsergebnisse sind in diese Arbeit mit eingeflossen und haben zum erfolgreichen Gelingen beigetragen.

Zum Schluss möchte ich mich bei allen bedanken, die mich in den vergangenen Jahren ge- und unterstützt haben, insbesondere meinen Eltern für ihr Vertrauen in meine Lebensentscheidungen und ihre Unterstützung auf diesem Weg. Meiner Lebensgefährtin Melanie danke ich ganz besonders für ihre Unterstützung und Geduld sowie die aufbauenden Worte in stressigen Zeiten und in Phasen, in denen die Arbeit nicht wie gewünscht lief.

Karlsruhe im Mai 2010

Benjamin Dietrich

Inhaltsverzeichnis

1   Einleitung 1
   1.1   Eigenschaften keramischer Schwämme 2
   1.2   Einsatzpotential keramischer Schwämme in der Verfahrenstechnik 3
   1.3   Beschreibung der Arbeitshypothese für diese Arbeit 5
2   Beschreibung der verwendeten Probenkörper 9
   2.1   Untersuchte Probenkörper 9
   2.2   Definition charakteristischer Größen 10
3   Morphologie und Charakterisierung 13
   3.1   Experimentelle Vorgehensweise 13
       3.1.1   Morphologie 13
       3.1.2   Stoffeigenschaften der Keramik 15
   3.2   Experimentelle Ergebnisse 21
       3.2.1   Morphologie 21
       3.2.2   Bestimmung der Porosität 25
       3.2.3   Stoffeigenschaften des Zweiphasensystems 26
4   Hydrodynamik – Druckverlust 33
   4.1   Theoretische Grundlagen 33
   4.2   Stand des Wissens 33
   4.3   Experimentelle Vorgehensweise 37
       4.3.1   Versuchaufbau 37
       4.3.2   Versuchsdurchführung 38
   4.4   Korrelation der experimentellen Ergebnisse 39
       4.4.1   Darstellung der experimentellen Daten 39
       4.4.2   Entwicklung einer Korrelation 41
       4.4.3   Vergleich mit Kugelschüttungen 43
       4.4.4   Bestimmung des hydraulischen Durchmessers aus Druckverlust-
                experimenten 44
5   Wärmeübergang 47
   5.1   Stand des Wissens 47
   5.2   Theoretische Grundlagen 51
   5.3   Experimentelle Vorgehensweise 54
       5.3.1   Versuchsapparatur 54
       5.3.2   Versuchsdurchführung 54
   5.4   Experimentelle Ergebnisse 55
       5.4.1   Vorgehensweise zur Auswertung der Versuchsergebnisse 55
       5.4.2   Experimentell bestimmte Wärmeübergangskoeffizienten 58
       5.4.3   Prüfung der Annahme einer adiabaten Wand 61

IV

5.5   Korrelation der experimentellen Ergebnisse 63

   5.5.1   Prüfung der Anwendbarkeit der „Verallgemeinerten Lévêque-Gleichung" 63

   5.5.2   Korrelation der experimentellen Daten mit einem Nusselt-Reynolds-Ansatz 71

   5.5.3   Vergleich der abgeleiteten Nusselt-Korrelationen 76

6   Wärmeleitung 77

6.1   Zweiphasen-Ruhewärmeleitfähigkeit 77

   6.1.1   Stand des Wissens 77

   6.1.2   Mathematische Grundlagen zur Berechnung der Zweiphasen-Ruhewärmeleitfähigkeit 80

   6.1.3   Experimentelle Vorgehensweise 81

   6.1.4   Experimentelle Ergebnisse 83

   6.1.5   Entwicklung einer Korrelation 86

6.2   Axiale Zweiphasen-Wärmeleitfähigkeit 89

   6.2.1   Stand des Wissens 89

   6.2.2   Theoretische Grundlagen 92

   6.2.3   Experimentelle Vorgehensweise 94

   6.2.4   Experimentelle Ergebnisse 96

   6.2.5   Validierung der Messmethode 101

   6.2.6   Vergleich der Zweiphasen-Wärmeleitfähigkeiten keramischer Schwämme mit Kugelschüttungen 102

   6.2.7   Korrelation der experimentellen Daten 103

6.3   Radiale Zweiphasen-Wärmeleitfähigkeit 106

   6.3.1   Stand des Wissens 106

   6.3.2   Theoretische Grundlagen 108

   6.3.3   Experimentelle Vorgehensweise 109

   6.3.4   Experimentelle Ergebnisse 110

   6.3.5   Korrelation der experimentellen Daten 115

6.4   Vergleich der axialen mit den radialen Dispersionskoeffizienten 117

7   Zusammenfassung und Ausblick 119

7.1   Zusammenfassende Darstellung der Ergebnisse 119

7.2   Ausblick 126

8   Literaturverzeichnis 127

9   Anhang 137

9.1   Mikroskopie-Daten 137

9.2   Bestimmung der Porosität mit Hilfe der Quecksilberporosimetrie nach DIN 66133 137

9.3   Bestimmung der Dichte mit Hilfe der Helium-Pyknometrie nach DIN 66137-2 und DIN 51913 138

9.4   Druckverlust 138

9.4.1   Experimentelle Daten 138

9.4.2   Ermittelte Konstanten A und B in der Druckverlustkorrelation ... 142

9.4.3   Vergleich der hydraulischen Durchmesser 143

9.5   Wärmeübergang 143

9.5.1   Herleitung der Differentialgleichungen 143

9.5.2   Entdimensionierte Energiegleichung für die fluide Phase 144

9.5.3   Experimentell ermittelte Wärmeübergangskoeffizienten 145

9.5.4   Literaturvergleich mit α-Daten von Schlegel et al. (1993) 147

9.6   Zweiphasen-Ruhewärmeleitfähigkeit 148

9.6.1   Berechnungsgleichungen zur Auswertung der Versuchsdaten aus der Zweiplattenapparatur 148

9.6.2   Experimentelle Daten 150

9.7   Axiale Zweiphasen-Wärmeleitfähigkeit 151

9.7.1   Herleitung des mathematischen Modells 151

9.7.2   Experimentelle Daten 151

9.7.3   Axiale Dispersionskoeffizienten und extrapolierte Zweiphasen-Ruhewärmeleitfähigkeiten 153

9.8   Radiale Zweiphasen-Wärmeleitfähigkeit 154

10   Lebenslauf 156

10.1   Schulische Ausbildung und Zivildienst 156

10.2   Studium 156

10.2.1   Studien- und Diplomarbeit 156

10.2.2   Studienbegleitende Tätigkeit 157

10.3   Berufliche Tätigkeit 157

Symbolverzeichnis

Lateinische Buchstaben

a	---	Anpasskonstante im Krischer-Modell
A	---	Anpasskonstante
Al_2O_3	---	Aluminiumoxid
b	---	Anpasskonstante
B	---	Anpasskonstante
c_p	$\mathrm{J\,kg^{-1}\,K^{-1}}$	spezifische Wärmekapazität
C	---	Anpasskonstante
$\Delta p\,/\,\Delta L$	$\mathrm{mbar\,m^{-1}}$	Druckverlust
d	m	Durchmesser
f	Hz	Frequenz
F	---	Korrekturfunktion
K_{ax}	---	axialer Dispersionskoeffizient
K_r	---	radialer Dispersionskoeffizient
K_1	$\mathrm{m^2}$	Permeabilitätskonstante des linearen Terms
K_2	m	Permeabilitätskonstante des quadratischen Terms
KIT	---	Karlsruher Institut für Technologie
l	m	Länge
L	m	Schwammlänge
LF	---	Laserflash-Methode
m	---	Anpasskonstante im Exponent der Reynolds-Zahl
$\dot{m}$	$\mathrm{kg\,s^{-1}\,m^{-2}}$	flächenspezifischer Massenstrom
MRI	---	Magnetic Resonance Imaging
n	---	Brechungsindex
NMR	---	Kernspinresonanz (-Tomographie)
$OBSiC$	---	oxidisch gebundenes Siliziumcarbid
ppi	---	pores per inch (1 inch = 2,54 cm)
PSA	---	photothermische Strahlablenkung
$\dot{q}$	$\mathrm{W\,m^{-2}}$	flächenspezifischer Wärmestrom
$\dot{Q}$	W	Wärmestrom
r	m	radiale Ortskoordinate
$R_A...R_D$	$\mathrm{W^{-1}\,m\,K}$	Wärmeleitwiderstände im Tetrakaidekaedermodell
RMS	---	root mean square
$RMSD$	---	root mean square deviation
S	$\mathrm{m^2}$	Oberfläche

S_v	$\mathrm{m^{-1}}$	spezifische Oberfläche
t	s	Zeit
T	K	Temperatur
u	$\mathrm{m\,s^{-1}}$	tatsächliche Geschwindigkeit
u_0	$\mathrm{m\,s^{-1}}$	Leerrohrgeschwindigkeit
U	m	Umfang
V	$\mathrm{m^3}$	Volumen
VE	---	voll entsalzt
x_f	---	Reibungsanteil
y	m	radiale Orstkoordinate (kartesisches K-system)
z	m	axiale Ortskoordinate

Griechische Buchstaben

α	$\mathrm{W\,m^{-2}\,K^{-1}}$	Wärmeübergangskoeffizient
α_v	$\mathrm{W\,m^{-3}\,K^{-1}}$	volumenspezifischer Wärmeübergangskoeffizient
Δ	$^\circ$	Phasenkorrektur
ϕ	rad	Ablenkung des Detektionslaserstrahls
γ	$\mathrm{s^{-1}}$	Scherrate
η	$\mathrm{Pa\,s}$	dynamische Viskosität
κ	$\mathrm{m^2\,s^{-1}}$	Temperaturleitfähigkeit
λ	$\mathrm{W\,m^{-1}\,K^{-1}}$	Wärmeleitfähigkeit
$\lambda_{2Ph,0}$	$\mathrm{W\,m^{-1}\,K^{-1}}$	Zweiphasen-Ruhewärmeleitfähigkeit
$\lambda_{2Ph,ax}$	$\mathrm{W\,m^{-1}\,K^{-1}}$	axiale Zweiphasen-Wärmeleitfähigkeit
$\lambda_{2Ph,r}$	$\mathrm{W\,m^{-1}\,K^{-1}}$	radiale Zweiphasen-Wärmeleitfähigkeit
μ	m	Diffusionslänge
ν	$\mathrm{m^2\,s^{-1}}$	kinematische Viskosität
ϑ	°C	Temperatur
ρ	$\mathrm{kg\,m^{-3}}$	Dichte
τ	$\mathrm{N\,m^{-2}}$	Schubspannung
ξ	---	dimensionslose Ortskoordinate
ψ	---	Porosität

Indizes

ax	axial
ber	berechnet
exp	experimentell
f	Fluid
Fenster	Fenster
gemittelt	gemittelt
geo	geometrisch
ges	gesamt
h	hydraulisch
hydro	hydrodynamisch
kor	korrigiert
lit	Literatur
n	normal
p	Partikel
parallel	parallel
r	radial
s	Feststoff
seriell	seriell
Steg	Steg
t	transversal
Zelle	Zelle
1...6	Zählindizes
2 PA	Zweiplattenapparatur

Dimensionslose Kennzahlen

$$Bi = \frac{\alpha \cdot d_{Steg}}{\lambda_s} \qquad\qquad \text{Biot-Zahl}$$

$$Hg = \frac{\Delta p}{\Delta L} \cdot \frac{d_h^3}{\rho_f \cdot v_f^2} \qquad\qquad \text{Hagen-Zahl}$$

$$M = \frac{u}{u_{Schall}} \qquad\qquad \text{Mach-Zahl}$$

$$Nu = \frac{\alpha \cdot d_h}{\lambda_f} \qquad\qquad \text{Nusselt-Zahl}$$

$$Pe = Re \cdot Pr = \frac{u_0 \cdot d_h \cdot \rho_f \cdot c_{p,f}}{\psi \cdot \lambda_f} \qquad \text{Péclet-Zahl}$$

$$PE_{ax} = \frac{u_0 \cdot d_h \cdot \rho_f \cdot c_{p,f}}{\psi \cdot \lambda_{2Ph,ax}} \qquad \text{axiale Zweiphasen-Péclet-Zahl}$$

$$PE_r = \frac{u_0 \cdot d_h \cdot \rho_f \cdot c_{p,f}}{\psi \cdot \lambda_{2Ph,r}} \qquad \text{radiale Zweiphasen-Péclet-Zahl}$$

$$Pr = \frac{v_f}{\kappa_f} \qquad\qquad \text{Prandtl-Zahl}$$

$$Re = \frac{u_0 \cdot d_h}{\psi \cdot v_f} \qquad\qquad \text{Reynolds-Zahl}$$

1 Einleitung

In verfahrenstechnischen Apparaten, wie z. B. chemischen Reaktoren und thermischen Trennkolonnen, werden im Inneren meist Einbauten eingesetzt, um den Wärme- und Stofftransport günstig zu beeinflussen. Dies kann durch eine Oberflächenvergrößerung (bei gleichem Reaktorvolumen), eine bessere Vermischung oder eine Erhöhung des Turbulenzgrades der fluiden Phase erfolgen. Daraus resultieren im Vergleich kleinere Anlagen bzw. höhere Umsatzraten bei chemischen Reaktionen. Gegenwärtig werden als Einbauten regellose Schüttungen aus keramischen Kugeln, Zylindern oder Ähnlichem, keramische Wabenkörper und metallische Packungen eingesetzt. Vorteilhaft bei Packungen ist deren zusammenhängende Struktur, jedoch sind diese oft korrosionsanfällig und dadurch nur eingeschränkt nutzbar. Schüttungen besitzen gegenüber Wabenkörpern zwar eine gute Quervermischung, nachteilig wirken sich allerdings die unterbrochene Struktur und der vergleichsweise hohe Druckverlust aus. Mit diesem Hintergrund könnten keramische Schwämme auf Grund ihrer Struktur die positiven Eigenschaften von regellosen Schüttungen, Packungen und Wabenkörpern vereinen und ein praktikabler Kompromiss für viele verfahrenstechnische Anlagen und Reaktoren darstellen.

Keramische Schwämme sind hochporöse dreidimensionale Netzstrukturen mit Porositäten bis zu 95 %. Sie bestehen aus in der Technik oft verwendeten und handelsüblichen Keramikwerkstoffen. In der Literatur werden sie häufig als „open-celled foams" oder „offenporige Schäume" bezeichnet. In der klassischen Definition eines Schaumes wird jedoch davon ausgegangen, dass in sich abgeschlossene Zellen statistisch in einer flüssigen oder festen Matrix verteilt sind. Im Gegensatz dazu sind bei offenporigen Schäumen die Zellen miteinander verbunden und nicht vollständig voneinander abgetrennt. Zwecks eindeutiger Abgrenzung zu den klassischen Schäumen und Vorbeugung von Verwechslungen, wird im Folgenden ausschließlich der Begriff „Schwamm" verwendet.

Schwämme besitzen neben der festen Phase, welche das Gerüst der keramischen Netzstruktur bildet, eine zweite kontinuierliche Phase – die fluide Phase. Dadurch sind Schwämme allseitig fluiddurchlässig und durchströmbar. Abb. 1.1 zeigt dazu beispielhaft Fotoaufnahmen verschiedener keramischer Schwammstrukturen (links und Mitte) sowie eine 3D-Rekonstruktion einer Schwammscheibe aus Kernspintomographiedaten (rechts).

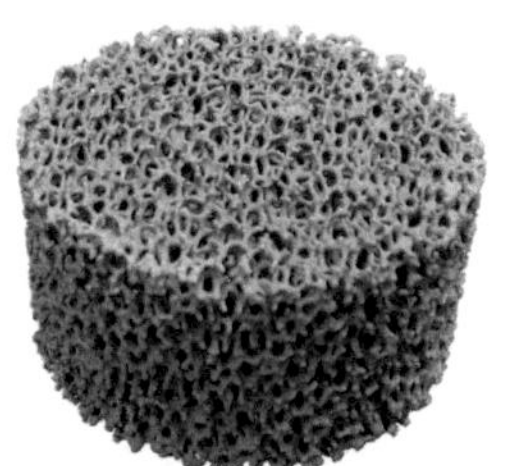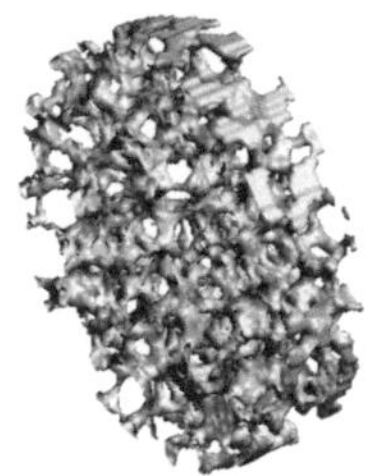

Abb. 1.1: Fotoaufnahme zweier Schwammstrukturen (links und Mitte) sowie 3D-Rekonstruktion einer Schwammscheibe anhand von Kernspintomographie-Daten (rechts)

1.1 Eigenschaften keramischer Schwämme

In aktuellen Forschungsprojekten wird das Potential keramischer Schwämme als Alternative zu Wabenkörpern, strukturierten und unstrukturierten Packungen sowie Schüttungen aus Kugeln, Zylindern etc. für den Einsatz in technischen Reaktoren untersucht und in Abhängigkeit der Zellgröße, der Zellgrößenverteilung, des Zellvolumens und der Zellform bewertet.

In Folge der hohen **Porosität** von Schwammstrukturen resultieren gegenüber regellosen Schüttungen ein vergleichsweise niedriger Druckverlust, eine gute Durchströmbarkeit sowie ein niedriges volumenspezifisches Gesamtgewicht. Im Vergleich zu Wabenkörpern jedoch, die ebenfalls als Einbauten in typischen chemischen Reaktoren verwendet werden, besitzen Schwämme einen höheren Druckverlust. Vorteil der Schwämme gegenüber den Wabenkörpern ist jedoch die **Quervermischung** in der fluiden Phase, so dass ein Ausgleich von Konzentrations- und Temperaturprofilen möglich ist. Durch die Zwangsaufteilung sowie anschließende Rekombination der Fluidströmung an den Stegen entsteht ein vergleichsweise enges Verweilzeitspektrum.

Auf Grund der filigranen Netzstruktur besitzen Schwämme eine große **spezifische (geometrische) Oberfläche**. Durch die Beschichtung der Oberfläche mit Katalysatormaterial, was bei nicht allzu kleinen Zellen gut möglich ist, können Stofftransportvorgänge beispielsweise gegenüber Kugelschüttungen begünstigt ablaufen. Im Falle der Wärmeübertragung ist eine große spezifische Oberfläche ebenfalls vorteilhaft, da dadurch verstärkt der Wärmeaustausch zwischen zwei unterschiedlich temperierten Medien stattfinden kann. Weiterhin wirkt sich positiv auf den Wärmetransport aus, dass Schwammstrukturen aus einer **kontinuierlichen festen Phase** bestehen. Dadurch ist eine gute radiale wie axiale Wärmeleitung möglich, was gegenüber Schüttungen eine Reduktion von Wärmeübergangswiderständen und damit eine Minimierung von sog. Hotspots bewirken sollte.

Oftmals werden in Reaktoren und thermischen Trennkolonnen chemisch aggressive Medien wie beispielsweise Säuren oder Laugen eingesetzt. Hier bieten keramische Schwämme den Vorteil, dass sie weitestgehend **chemisch inert** sind und somit nicht an der Reaktion teilnehmen oder katalysierend wirken. Bei Reaktionen und Verfahren mit starken und plötzlichen Temperaturschwankungen sind keramische Schwämme gut geeignet, da sie auf Grund ihrer Materialeigenschaften eine **hohe Thermoschockbeständigkeit** besitzen und somit nur minimale Materialschädigungen bei derartigen Belastungen auftreten. Nachteilig ist jedoch die **niedrige Druckfestigkeit** in Folge der filigranen Struktur und hohen Porosität, weshalb die Schwämme mechanisch nur sehr gering belastet werden können. Hinsichtlich großer Reaktoren ist die **Praktikabilität beim Einbau** der Schwämme in Frage zu stellen. Zur Vermeidung von Bypässen muss jeder Schwamm randdicht eingebaut sein. Dies macht eine Massenbefüllung wie etwa bei Schüttungen unmöglich und erhöht den Arbeitsaufwand bei der Präparation des Reaktors.

Da keramische Schwämme heutzutage als Massenprodukt zum Einmaleinsatz als Metallschmelzenfilter in Gießereien hergestellt werden, sind deren **Herstellungskosten** vergleichsweise **gering**. Die Kosten für die Einsatzmaterialien zur Herstellung des Schwammes sind deshalb niedrig, da in der Regel Standardchemikalien und –werkstoffe (wie z.B. Polyurethan als Precursor, Al_2O_3 als Coatingsubstanz) verwendet werden. Mit der Verwendung von Metallschmelzenfilter geht allerdings einher, dass Qualitätsstandards nicht sehr hoch sind. Daraus resultieren unter anderem breite Verteilungen für Steg- und Zellendurchmesser, wodurch sich vergleichsweise hohe Fehler in Berechnungsvorschriften und Korrelationen nicht oder nur schwer vermeiden lassen (Adler und Standtke, 2003a; Schlegel et al., 1993).

1.2 Einsatzpotential keramischer Schwämme in der Verfahrenstechnik

Keramische Schwämme werden bereits seit langer Zeit als Massenprodukt in Form von **Metallschmelzenfiltern** eingesetzt. Hierbei erfüllt der Schwamm zum einen die Funktion der Homogenisierung der Schmelzenströmung und zum anderen die Funktion als Tiefenfilter, indem sich die in der Schmelze befindlichen Schmutzpartikeln bzw. nichtmetallischen Einschlüsse an den Stegen ablagern (Adler und Standtke, 2003a). In jüngster Vergangenheit wurden darauf aufbauend Ideen und erste Prototypen entwickelt, um Schwämme auch in der Verfahrenstechnik einzusetzen.

Mit Hinblick auf regenerative Energien sind unter anderem **Solarturm-kraftwerke** in der Diskussion. Seit 1981 wurden weltweit 10 dieser Kraftwerke gebaut. Dabei bündeln Parabolspiegel einfallende Sonneneinstrahlung auf einen zentralen Wärmeübertrager. Dieser überträgt die Strahlungsenergie auf ein ihn durchströmendes Fluid (z.B. Salzschmelze, Wärmeträgeröl, Luft). Ein nach-geschalteter Dampferzeuger produziert dann mittels einer Turbine Strom. Mit der Erfindung des sog. volumetrischen Receivers als Wärmeübertrager konnte schließlich eine effiziente Wärmeübertragung auf das Fluid erreicht werden. Volumetrische Receiver sind poröse Materialien, in welche die Strahlung eindringen und damit das strömende Fluid effektiv aufgeheizt werden kann. Auf Grund der hohen spezifischen Oberfläche keramischer Schwämme bei gleichzeitig niedrigem Druckverlust und guter Durchmischung des Fluids könnten diese hier in Zukunft zum Einsatz kommen. Bereits heute werden in wenigen Pilotkraftwerken Schwämme verwendet und getestet (Pitz-Paal et al., 2002).

Als weiteres potentielles Anwendungsgebiet für keramische Schwämme wird derzeit die Verwendung in **Beheizungssystemen** untersucht. Dabei könnte Brenngas (z. B. Erdgas oder Flüssiggas) im Schwamm selbst verbrannt werden. Die dadurch entstehende Wärmestrahlung könnte dann eine schnelle und effektive Beheizung von Hallen oder offenen Systemen bewirken. Dadurch würden lange Aufheizzeiten entfallen und damit gleichzeitig der Energieeinsatz reduziert werden. Erste Testsysteme sind aktuell beispielsweise in der BayArena in Leverkusen zur Beheizung der Zuschauerränge im Einsatz. Alternativ könnte durch das Anbringen von Elektroden am Umfang des Schwammes ein Stromanschluss und dadurch eine elektrische Beheizung realisiert werden. Da Schwämme auf Grund ihrer guten Durchmischungseigenschaften direkt mit einem Fluid durchströmt werden können, ist ein intensiver Wärmeaustausch gewährleistet. Daraus müsste ein hoher Wirkungsgrad resultieren (Adler und Standtke 2003a, 2003b; gogas.de).

Bereits industriell eingesetzt werden keramische Schwämme in sog. **Porenbrennern**. Hierbei werden Gas-Luft-Gemische in einem porösen Körper gezündet, so dass eine Verbrennung ohne freie Flamme stattfinden kann. Vorteilhaft bei der Verwendung von Schwämmen sind zum einen eine gute Homogenisierung des Gasgemisches und zum anderen eine Vergleichmäßigung der Temperaturverteilung. Dies bewirkt eine bessere Brennstoffausnutzung sowie eine Reduzierung von Schadstoffemissionen (Adler und Standtke, 2003a, 2003b; Stern et al., 2006; promeos.de).

In Folge der guten Durchströmbarkeit bei gleichzeitig hoher spezifischer Oberfläche und vergleichsweise niedrigem Druckverlust bieten sich Schwämme als Alternative für **Träger von Katalysatoren** gegenüber Kugelschüttungen in chemischen Reaktoren an. Auf Grund der festen kontinuierlichen Phase würde bei Schwämmen die Intensität von sog. Hotspots minimiert. Im Vergleich zu Wabenmonolithen könnten Reaktoren mit Schwämmen auf Grund der intensiveren Wechselwirkung des Katalysators auf der Schwammoberfläche mit der Gasphase wesentlich kürzer gebaut werden. Dadurch würde es durch den Einsatz von Schwämmen zu einer Effizienzsteigerung kommen. Mögliche Einsatzgebiete wären z. B. die partielle Oxidation von Kohlenwasserstoffen zu Synthesegas, die oxidative Dehydrierung von Paraffinen zu Olefinen, die Reformierung von Kohlenwasserstoffen zu Synthesegas oder die Abgaskatalyse (Adler und Standtke 2003a, 2003b; Stern et al., 2006; Reitzmann et al., 2006).

In Folge ihrer hohen Thermoschockbeständigkeit ergeben sich weiterhin Anwendungsmöglichkeiten für keramische Schwämme in der **Raumfahrt** in Form von Hitzeschilden. Besonders interessant ist auch die Versteifung von **Leichtbaukonstruktionen** oder die Verwendung der Schwammstruktur als **Schalldämpfer**. In Testreihen wird dies bereits in handelsüblichen PKW's realisiert und hat den Vorteil gegenüber herkömmlichen Systemen aus Metall, dass diese weniger korrosionsanfällig sind und dadurch eine längere Lebensdauer aufweisen sollten. Weiterhin wäre im PKW auch ein Einsatz als **Dieselpartikelfilter** denkbar. Schwämme würden dabei die Funktion eines Mischers, Katalysatorträgers, Partikel(Tiefen-)filters und Schalldämpfers in einem Bauteil vereinigen (Adler und Standtke 2003a, 2003b; Stephani, 2007).

1.3   Beschreibung der Arbeitshypothese für diese Arbeit

Für die wärmetechnische Auslegung und Simulation chemischer Reaktoren und technischer Apparate (vgl. Kap. 1.2) sind Korrelationen zur quantitativen Beschreibung des Wärmetransports unabdingbar. Für Schüttungen aus Kugeln, Zylindern, etc. existieren zahlreiche Nachschlagewerke. Als eines der wichtigsten in Deutschland gilt hierbei der VDI-Wärmeatlas. Für keramische Schwämme hingegen mangelt es an derartigen Korrelationen.

Bei der Formulierung der Wärmetransportgleichungen wird generell zwischen zwei Modellvorstellungen unterschieden: **homogenes** bzw. **heterogenes Modell**. Beim homogenen Modell wird der Schwamm mit seiner Feststoff- und Fluidphase als ein System betrachtet. Diesem System werden Stoffwerte zugeordnet, die als nichtlineare Superposition der Reinstoffwerte zu verstehen sind. Im Falle der Wärmeübertragung ist dabei die wichtigste Stoff-eigenschaft die sog. **Zweiphasen-Wärmeleitfähigkeit**. Im Falle des heterogenen Modells werden die Fluid- und die Feststoffphase unter

Verwendung der Reinstoffwerte getrennt voneinander bilanziert. Beide Energie-bilanzen sind durch den übergehenden Wärmestrom miteinander gekoppelt. Bei der Formulierung der Kinetik für diesen Wärmestrom wird der sog. **Wärme-übergangskoeffizient** benötigt. Die Anwendung des einen oder anderen Modells entscheidet sich meist anhand der gestellten Aufgabe und kann nicht allgemeingültig formuliert werden.

Ausgehend von diesen beiden Modellvorstellungen erfolgte die Gliederung der hier vorliegenden Arbeit. Dabei war die Idee und damit gleich-zeitig auch die Arbeitshypothese, dass die grundsätzliche Formulierungsweise und Struktur der in der Literatur existierenden Korrelationen für Kugel-schüttungen generell auch auf Schwammstrukturen anwendbar sind. Die Über-nahme der Anpassungskonstanten ist dabei aber fraglich, da sich Schwämme von Kugelschüttungen in der Form ihrer festen Phase deutlich unterscheiden. Die Vorgehensweise zur Beantwortung dieser Arbeitshypothese (und damit auch gleichzeitig die Gliederung dieser Arbeit) ist in Abb. 1.2 schematisch dar-gestellt.

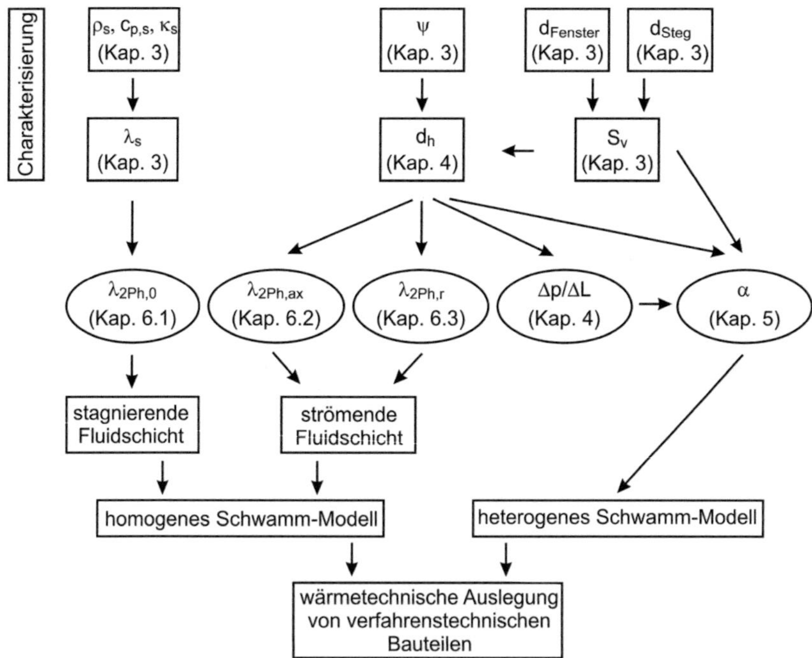

Abb. 1.2: schematische Darstellung der Arbeitshypothese und Gliederung der Dissertation

Zur Entdimensionierung und Entwicklung allgemeingültiger Korrelationen der Zweiphasen-Wärmeleitfähigkeit sowie des Wärmeübergangskoeffizienten ist die Kenntnis von Reinstoffwerten und grundlegenden geometrischen Kenngrößen der einzelnen Schwammtypen unabdingbar. Die experimentelle Vorgehensweise und Ergebnisse dazu sind in Kapitel 3 beschrieben. Kapitel 4 enthält die Experimente und Ergebnisse zum Druckverlust. Der Druckverlust stellt einen wichtigen Kennwert zur Auslegung verfahrenstechnischer Bauteile dar. In Kapitel 5 ist die Bestimmung und Korrelation des Wärmeübergangskoeffizienten beschrieben. Weiterhin enthält dieses Kapitel eine Zusammenführung der experimentellen Ergebnisse zum Wärmeübergang mit denen aus den Druckverlust-Experimenten in Form einer Korrelation, welche in der Literatur als „Verallgemeinerte Lévêque-Gleichung" gut bekannt ist (Martin, 1996, 2002). Wird der Schwamm als homogenes Modellsystem betrachtet, wird in der Simulation chemischer Reaktoren die Zweiphasen-Wärmeleitfähigkeit benötigt. Die Experimente und anschließende Korrelation der experimentellen Daten für stagnierende sowie für strömende Fluidschichten im Schwamm sind in Kapitel 6 beschrieben. Für alle in dieser Arbeit durchgeführten Experimente wurde Luft als Fluid verwendet. Durch die vorgenommene Entdimensionierung der experimentellen Daten ist eine Übertragbarkeit auf andere Geometrien und Fluide denkbar, muss jedoch überprüft werden.

Ziel der Arbeit ist es, die beschriebene Arbeitshypothese, welche die Anwendbarkeit der bestehenden Korrelationen für Schüttungen unter Anpassung der Konstanten fordert, zu verifizieren oder zu falsifizieren.

2 Beschreibung der verwendeten Probenkörper

2.1 Untersuchte Probenkörper

Um möglichst aussagekräftige Korrelationen herleiten zu können, wurden in dieser Arbeit Proben unterschiedlichen Materials, Zellgröße und Porosität experimentell untersucht. Als Keramik wurde Aluminiumoxid (Al_2O_3, Verunreinigungen $< 1\%$), Mullit und oxidisch gebundenes Siliziumcarbid (OBSiC) eingesetzt. Der Feststoff der Mullitschwämme setzt sich dabei aus einer amorphen SiO_2-Phase und den darin eingebetteten Mullitkörnern ($3Al_2O_3 \bullet 2SiO_2$) zusammen. OBSiC besteht aus einer monoklinen Montmorillonit Matrix ($Al_2[(OH)_2/Si_4O_{10}] \bullet nH_2O$) mit zufällig darin verteilten SiC-Splittern. Je Materialtyp standen Proben mit 20 ppi (engl. *pores per inch*) und einer Gesamtporosität von 75 %, 80 % und 85 % zur Verfügung. Um den Einfluss der Zellgröße zu erfassen, wurden zusätzlich Schwämme mit 10, 30 und 45 ppi bei der Porosität von 80 % untersucht. In Abb. 2.1 sind links exemplarisch je Schwammmaterial eine 30 ppi Probe mit einer Porosität von 80 % abgebildet.

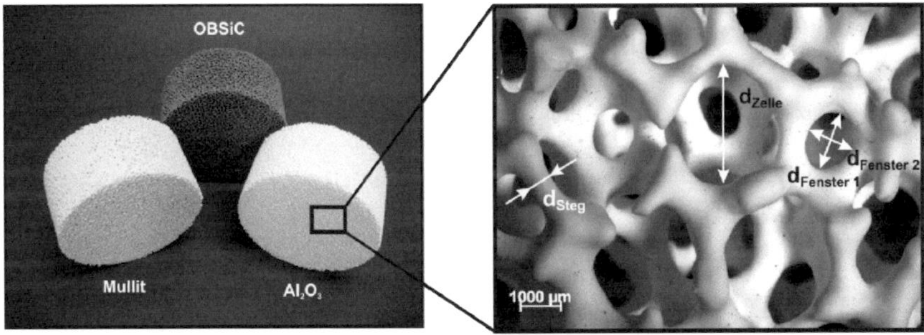

Abb. 2.1: verwendete Schwammproben aus Al_2O_3, Mullit und OBSiC, beispielhaft gezeigt für 30 ppi-Schwämme mit $\psi = 80\%$ (links) und Mikroskopieaufnahme mit Definition der charakteristischen Geometriegrößen (rechts)

Die verwendeten Probenkörper wurden kommerziell von Vesuvius Becker & Piscantor, Großalmeroder Schmelztiegelwerke GmbH bezogen. Sie besitzen zylindrische Form mit einem Durchmesser von 100 mm und einer Höhe von 50 mm. Die Schwammproben wurden nach dem sog. Replicaverfahren (Schwartzwalder-Verfahren) hergestellt. Dabei wird zuerst ein offenzelliger Polymerprecursor mit definierten Eigenschaften (Porosität, Zellgröße, etc.) in eine Keramiksuspension eingetaucht. Anschließend wird überschüssige

Suspension durch einen Walzprozess entfernt und der beschichtete Polymer-precursor im Ofen getrocknet. Im anschließenden Sinterprozess verbrennt das Polymer und der Probenkörper erhält seine steife Struktur bzw. seine Festigkeit. Auf Grund des verbrannten und ausdiffundierten Polymerprecursors ist die Netzstruktur des Schwammes, wie in Abb. 2.2 gezeigt, mit Hohlkanälen durchzogen (Adler und Standtke, 2003a).

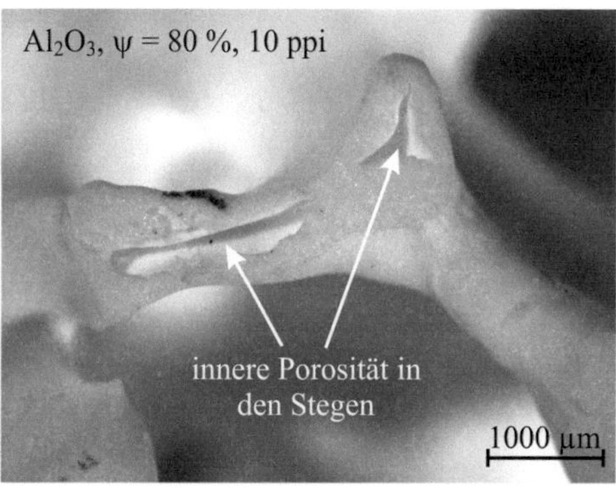

Abb. 2.2: Mikroskopieaufnahme eines auf der Oberfläche geschliffenen 10 ppi-Al$_2$O$_3$-Schwammes zur Veranschaulichung der hohlen Feststoffnetzstruktur

Bei den obigen Angaben zur Porosität und ppi-Zahl handelt es sich um Herstellerangaben. Diese werden in den folgenden Kapiteln dieser Arbeit aus Übersichtlichkeitsgründen beibehalten. Die Angabe der Porosität wurde gravimetrisch für alle Proben überprüft, wobei eine maximale Abweichung von 1,5 % ermittelt wurde (vgl. Tab. 3.4). Die Richtigkeit der angegebenen ppi-Zahl wurde in dieser Arbeit nicht überprüft, da eine korrekte Bestimmung nur sehr schwierig realisierbar ist. Im Normalfall wird diese jedoch als Summe von Zell- und Fensteranzahl auf einem örtlich willkürlich gewählten inch am Polymer-precursor bestimmt. Dadurch ist deren Angabe für den Schwamm verhältnis-mäßig ungenau. Auf Grund der Beschichtung des Polymerprecursors und der Schwindung beim anschließenden Sintern verändert sich die ppi-Zahl teilweise stark und kann folglich nur als Anhaltswert verwendet werden.

2.2 Definition charakteristischer Größen

Die eindeutige Beschreibung, Zuordnung und Klassifizierung der Schwämme erfolgt anhand folgender charakteristischer Parameter:

- **Zellen**
  Zellen sind polyedrische Räume, die in Folge des Herstellungsprozesses meist eine ellipsoide Form haben. Bei Schwämmen sind sie miteinander verbunden und bilden eine kontinuierliche Phase, welche mit einem Fluid durchströmt werden kann.

- **Fenster**
  Als Fenster werden diejenigen Flächen identifiziert, über welche zwei Zellen miteinander verbunden sind. Meist besitzen Fenster eine elliptische Form, so dass bei Angabe eines einzigen Fensterdurchmessers dieser dem Mittelwert aus der langen und der kurzen Diagonale der Ellipse entspricht (vgl. Abb. 2.1 rechts): $d_{Fenster} = 0{,}5 \cdot \left(d_{Fenster\,1} + d_{Fenster\,2} \right)$.

- **Stege**
  Stege bilden die Begrenzung der Zellen (Feststoffgerüst) und damit die feste kontinuierliche Phase eines Schwammes. An einen Steg grenzen im Normalfall drei Zellen (Adler und Standtke, 2003a).

- **Porosität**
  Die Porosität beschreibt den Hohlraumanteil des Schwammes. Es wird dabei zwischen der Gesamtporosität, der hydrodynamisch zugänglichen Porosität (Anteil des Hohlraums, welcher mit Fluid durchströmt wird) sowie der Stegporosität unterschieden. Letztere beschreibt den Hohlraumanteil der Feststoffphase und macht daher eine Aussage über die Makro- und Mikroporosität der Stege.

- **ppi-Zahl**
  In der Regel werden Schwämme über die sog. ppi-Zahl (engl. *pores per inch*) klassifiziert. Sie gibt an, wie viele Zellen auf einem inch (1 inch = 2,54 cm) lokalisiert sind.

- **spezifische (geometrische) Oberfläche**
  Die spezifische Oberfläche bezeichnet in dieser Arbeit die geometrische Oberfläche, welche beispielsweise zur Beschichtung mit einem Katalysator zur Verfügung steht. Sie berücksichtigt demnach nicht die Mikroporosität der Stege.

- **Material der keramischen Netzstruktur**

In Abb. 2.1 ist rechts ein Mikroskopiebild eines 30 ppi-Al_2O_3-Schwammes ($\psi = 80\,\%$) gezeigt. Hierin sind die charakteristischen Parameter zur Beschreibung der Schwammgeometrie (Zell-, Fenster- und Stegdurchmesser) veranschaulicht.

3 Morphologie und Charakterisierung

Zur Aufstellung und Anpassung von Korrelationen und Modellgleichungen für den Druckverlust, den Wärmeübergang und die Wärmeleitung ist es unabdingbar, eine genaue Kenntnis über die Morphologie und Stoffeigenschaften der Schwämme zu haben. Die Formulierung dimensionsloser Kennzahlen zur Herleitung von Korrelationen, welche möglichst viele Schwammtypen abbilden, geschieht dabei in der Regel mit Hilfe geometrischer Kenngrößen, wie z.B. dem hydraulischen Durchmesser. Aus diesem Grund wurden zunächst folgende, die Schwämme eindeutig charakterisierende Parameter bestimmt:

- Steg- und Fensterdurchmesser
- spezifische (geometrische) Oberfläche
- Porosität (Gesamtporosität, hydrodynamisch zugänglicher Anteil der Gesamtporosität, Stegporosität)
- Stoffeigenschaften der fluiden und festen Phase des Schwammes, darunter zählt insbesondere die Wärmeleitfähigkeit

3.1 Experimentelle Vorgehensweise

3.1.1 Morphologie

3.1.1.1 Bestimmung geometrischer Kenngrößen mit der Lichtmikroskopie

Mit Hilfe einer Stereolupe (Zeiss Stemi 2000-C, optischer Vergrößerungsfaktor: 8 – 12,5) wurden Steg- und Fensterdurchmesser optisch ermittelt. Dazu wurde die Ober- und Unterseite der zylindrischen Schwammprobe analysiert. Zur Ermittlung des charakteristischen Durchmessers der überwiegend ovalen Fenster wurden der lange sowie der senkrecht darauf stehende kurze Durchmesser ermittelt (vgl. Abb. 2.1) und anschließend arithmetisch gemittelt. Dabei wurden lediglich diejenigen Fenster vermessen, welche parallel zur Betrachtungsebene lagen. Der Stegdurchmesser wurde jeweils in der Mitte eines jeden Steges erfasst, welche zumeist auch gleichzeitig der dünnsten Stelle entsprach (vgl. Abb. 2.1). Auf diese Weise wurden je Schwammtyp insgesamt mindestens 20 Fenster und Stege analysiert.

3.1.1.2 Bestimmung der spezifischen Oberfläche

Die Bestimmung der spezifischen Oberfläche wurde mit Hilfe der bildgebenden [1]H-Kernspinresonanztomographie durchgeführt. Dazu wurde ein Tomograph (Bruker Avance 200 SWB mit vertikaler Bohrung, Bruker Biospin GmbH,

150 mm Durchmesser, Magnetflussdichte von 4,7 T, Mikro-2,5-Gradienten-sytem mit $1\,T\,m^{-1}$, Resonatorkopf mit 15 mm bzw. 25 mm Durchmesser) am Institut für Mechanische Verfahrenstechnik und Mechanik des KIT verwendet. Eine detaillierte Beschreibung der Grundlagen zur Messmethode ist in einer Veröffentlichung von Hardy (2006) zu finden.

Da Keramiken im Allgemeinen kein NMR-Signal erzeugen, wurden die Schwammproben mit entgastem VE-Wasser vollständig unter Vakuum luft-blasenfrei befüllt, um anschließend im NMR-Experiment den Wasserstoff im Wasser detektieren zu können. Die Schwammgeometrie konnte somit auf indirekte Weise als Negativ der Fluidphase rekonstruiert werden. Um die Messzeit zu verkürzen, wurde die Spin-Relaxation durch Zugabe von $CuSO_4$ im VE-Wasser (Konzentration $1\,g\,L^{-1}$) erhöht.

Zur Messung wurde die sog. RARE-Methode (Rapid Acquisition with Relaxation Enhancement, vgl. Hardy, 2006) mit einem RARE-Faktor von 16 benutzt. Die Auflösung betrug 86 µm für die 10 und 20 ppi Proben und 50 µm für die 30 und 45 ppi Proben. Als Probengeometrien wurden apparaturbedingt Quader mit einer Kantenlänge von 22 mm bzw. 12,8 mm verwendet (vgl. Abb. 3.1). Um ein gutes Signal-zu-Rauschen-Verhältnis zu erhalten, wurde je Höhen-position das Bild aus zwei Aufnahmen mit einer Wiederholungszeit von 1,2 s gemittelt (Große et al., 2008).

Abb. 3.1: 3D-Rekonstruktion eines für die MRI-Experimente verwendeten Quader-stücks eines 10 ppi-Al$_2$O$_3$-Schwammes (ψ = 80 %)

3.1.1.3 Bestimmung der Porosität

Die Bestimmung der Gesamt- und Stegporosität sowie des Anteils der Gesamtporosität, welcher der Fluidströmung hydrodynamisch zugänglich ist, wurde mit Hilfe der Quecksilberporosimetrie (Micrometrics Autopore III 9420) in Zusammenarbeit mit dem Institut für Chemische Verfahrenstechnik des KIT nach DIN 66133 durchgeführt. Das Verfahren beruht auf der Messung des eingepressten Quecksilbervolumens bei stetig ansteigendem Druck. Mit Hilfe der Washburn-Gleichung werden die abgelesenen Drücke in einen Porenradius umgerechnet (vgl. Anhang Kap. 9.2). Über die Kopplung mit dem eingepressten Quecksilbervolumen kann schließlich auf die Porositäten geschlossen werden (DIN 66133).

3.1.2 Stoffeigenschaften der Keramik

Da vom Hersteller der Schwämme keinerlei Stoffdaten über die verwendeten Keramiken zu beziehen waren, diese aber für die Modellierung der experimentellen Daten zwingend erforderlich sind, wurden die Stoffdaten in dieser Arbeit selbst ermittelt. Im Folgenden wird die Vorgehensweise zur experimentellen Bestimmung der Dichte, der spezifischen Wärmekapazität, der Temperaturleitfähigkeit und der Wärmeleitfähigkeit kurz erläutert, jedoch die Messmethodik nicht detailliert beschrieben, da jeweils Standardmethoden bzw. DIN-zertifizierte Vorgehensweisen zum Einsatz kamen.

Im ersten Schritt wurde der Schwamm grob mechanisch zerkleinert und anschließend das Pulver mit Hilfe einer Planetenkugelmühle (planetary mill pulveisette 5, Fritsch, Zirkonoxidkugeln mit einem Durchmesser von 10 mm, Drehgeschwindigkeit 300 U min^{-1}) gemahlen. Der Mahlvorgang wurde beendet, sobald die Partikelgröße unterhalb der Korngröße der Körner im Steg des ursprünglichen Schwammes lag. Die Werte für die Korngrößen im Steg wurden vom Institut für Keramik im Maschinenbau des KIT bereitgestellt. Das auf diese Weise hergestellte Pulver wurde mit Isopropanol gereinigt und anschließend getrocknet.

3.1.2.1 Bestimmung der Dichte

Die Bestimmung der Dichte erfolgte mit Hilfe der Helium-Pyknometrie nach DIN 66137-2 und DIN 51913. Hierbei wird eine definierte Probenmenge des Pulvers in die Messzelle des Pyknometers eingebracht. Anschließend wird die Messzelle bis zu einem bestimmten Druck mit Helium gefüllt und dann in eine zweite Zelle (Expansionszelle) isotherm entspannt. Aus dem Fülldruck, dem Druck nach der Expansion sowie den Volumina der Zellen kann die Dichte bei bekannter Probenmasse berechnet werden (vgl. Anhang Kap. 9.3). In dieser Arbeit wurde ein Multi Pycnometer der Firma Quanta Chrome, Boynton am Institut für Bio- und Lebensmitteltechnik des KIT verwendet. Je Schwammtyp wurden drei Proben à 4,5 g des Pulvers eingesetzt und jeweils vier Wiederholungsmessungen durchgeführt. Anschließend wurde der arithmetische Mittelwert gebildet.

3.1.2.2 Bestimmung der spezifischen Wärmekapazität

Mit der Methode der dynamischen Wärmestrom-Differenz-Kalorimetrie wurde mit Hilfe des institutseigenen DSC 204 Phoenix, Netsch die spezifische Wärmekapazität entsprechend DIN EN 821-3 bestimmt. Dabei befinden sich ein Referenztiegel sowie der eigentliche Probentiegel jeweils auf einem hochempfindlichen Temperatursensor in einer temperierten Kammer. Je nach Wärmekapazität der Probe wird unterschiedlich viel Wärme im Vergleich zum Referenztiegel abgeführt, wodurch an den Sensoren ein Temperaturunterschied zu verzeichnen ist. Durch eine Kalibrierung wird der Temperaturunterschied mit einem Wärmestrom korreliert. Aus der Änderung der aufgenommenen Wärmemenge über der Änderung der Temperatur kann schlussendlich die spezifische Wärmekapazität berechnet werden.

Die spezifische Wärmekapazität wurde im Temperaturintervall zwischen 30 °C und 600 °C mit einer Aufheizrate von $10\,K\,min^{-1}$ bestimmt. Nach einer Haltezeit von 15 min wurde die Probe mit $10\,K\,min^{-1}$ abgekühlt. Je Probe wurden vier Messungen durchgeführt, so dass die im Pulver befindliche Restfeuchte sicher verdampft war. Zur Berechnung der spezifischen Wärmekapazität wurde dann die letzte Aufheizkurve verwendet. Die Einwaage der Proben betrug jeweils 12,5 mg.

3.1.2.3 Bestimmung der Temperaturleitfähigkeit

a) Probenpräparation

Die Bestimmung der Temperaturleitfähigkeit erfolgte mit Hilfe der „Photothermischen Strahlablenkung" (PSA). Hierzu musste das Pulver zunächst in Tablettenform verpresst werden, da die Messmethode eine Probe mit glatter Oberfläche erfordert. Eine direkte Messung an einem Schwammsteg war aufgrund seines zu kleinen Durchmessers nicht möglich. Deshalb muss die Probe hinsichtlich ihrer Eigenschaften, insbesondere der Korngrößen und Porosität, dem des ursprünglichen Stegs weitestgehend entsprechen. Die morphologischen Daten des ursprünglichen Schwammsteges wurden dabei vom Institut für Keramik im Maschinenbau des KIT bereitgestellt.

Nach einem formgebenden Tablettieren wurde das Schwamm-Pulver mit Hilfe einer Kaltisostatenpresse (Diefenbacher 6000, Diefenbacher) bei 400 MPa verpresst. Anschließend wurde die so erzeugte Tablette gesintert. Die Sinterparameter (vgl. Tab. 3.1) wurden so lange variiert, bis die Porosität und die mittlere Korngröße der Tablette mit denen des Originalstegs best möglichst übereinstimmten. Die so erzeugte und für weitere Untersuchungen verwendete Tablette wird im Folgenden als Replica bezeichnet. Die Replica besitzen eine

zylindrische Form mit einem Durchmesser von 10 mm und einer Höhe von
2 mm.

Tab. 3.1: Sinterparameter zur Herstellung der Replica-Plättchen

Material	Aufheizvorgang	Haltezeit	Abkühlvorgang
Al_2O_3	20 – 1700 °C	1700 °C	1700 – 20 °C
	3 K min^{-1}	5 h	5 K min^{-1}
Mullit	20 – 1700 °C	1700 °C	1700 – 20 °C
	3 K min^{-1}	2,8 h	5 K min^{-1}
OBSiC	20 – 1600 °C	1600 °C	1600 – 20 °C
	3 K min^{-1}	2 h	5 K min^{-1}

Die Korngrößen wurden in einem Schliffbild mit Hilfe eines Raster-
elektronenmikroskops ermittelt. In Abb. 3.2 ist ein Vergleich eines Schliffbildes
des Original-Schwammsteges (links) und dem Replica (rechts) am Beispiel von
Mullit gezeigt. Optisch ist eine sehr gute charakteristische Übereinstimmung der
Korngrenzen zu beobachten.

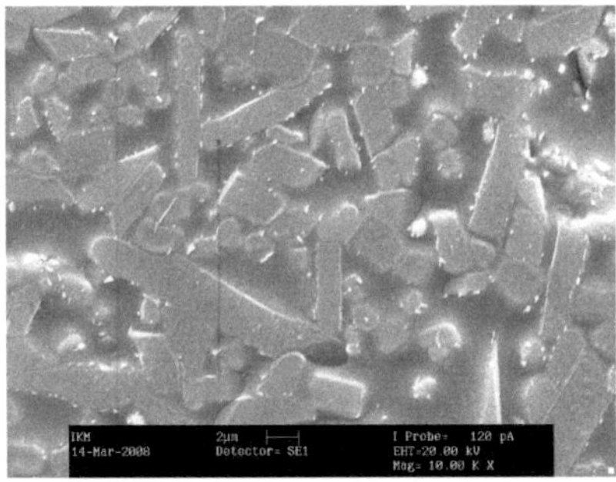

**Abb. 3.2: Vergleich eines Schliffbildes für Mullit für den Original-Schwammsteg (links,
bereitgestellt durch das Institut für Keramik im Maschinenbau des KIT) und das
Replica (rechts)**

In Tab. 3.2 ist der Vergleich von Korngrößen und Porositäten zwischen
Replica und Original-Schwammsteg aufgelistet. Es zeigt sich, dass die Replica
aus Al_2O_3 und OBSiC eine deutlich höhere Porosität aufweisen, wohingegen für
Mullitproben die Porosität des Replicas leicht unterhalb der des Schwammsteges
liegt. Mittels der verwendeten Versuchsmethodik und –apparatur war jedoch
keine bessere Übereinstimmung erreichbar. In der Berechnung der Feststoff-

wärmeleitfähigkeit in Kap. 3.2.3.2 wird dieser Sachverhalt nach Kollenberg (2004) berücksichtigt. Der Vergleich der Korngrößen liefert bei den Replicas aus Al_2O_3 und Mullit eine sehr gute Übereinstimmung, bei OBSiC konnten nur Korngrößen erreicht werden, die etwa um den Faktor 10 niedriger als die des Schwammsteges waren. Dem zu Folge sind im Replica auch die SiC-Splitter auf Grund des Mahlprozesses deutlich kleiner. Die Zerkleinerung der SiC-Splitter hätte durch eine gröbere Mahlung verhindert werden können. Allerdings würde dadurch die ohnehin hohe Porosität des Replicas (vgl. Tab. 3.2), welche sich beim Sinterprozess einstellt, weiter steigen, so dass die hier verwendeten Parameter für den Mahl- und Sintervorgang als sinnvoller Kompromiss zu bewerten sind. Beim Herstellungsprozess des Schwammes wurden die SiC-Splitter vermutlich gezielt in die Suspension zugegeben, so dass eine gewünschte Korngröße und damit SiC-Splitterlänge eingestellt werden konnte.

Tab. 3.2: Vergleich der Korngrenzen und Porositäten von Replica und Original-Schwammsteg (Daten für die Schwammstege bereitgestellt durch das Institut für Keramik im Maschinenbau des KIT)

Material	Porosität		Korngrößen	
	Steg	Replica	Steg	Replica
Al_2O_3	2,7 %	8,1 %	2-10 µm	5-10 µm
Mullit	6,9 %	4,9 %	2-10 µm	1-10 µm
OBSiC	5,5 %	17,7 %	30-100 µm	2-10 µm

b) Methode der „Photothermischen Strahlablenkung"
Die „Photothermische Strahlablenkung" (PSA) ist ein spektroskopisches Verfahren, welches die Bestimmung von Temperaturänderungen in der Größenordnung von 10^{-7} K erlaubt. Sie beruht auf dem sog. Mirage-Effekt – die Ablenkung eines Lichtstrahls in Luft auf Grund von Brechungsindexgradienten.

Bei der PSA wird eine Probe mit Hilfe einer Laserlichtquelle periodisch angeregt, wodurch sich in der Probe selbst wie auch in dem darüber befindlichen Medium eine thermische Linse ausbildet. Mit einem lichtempfindlichen Detektor kann die durch die Änderung des Brechungsindex hervorgerufene Ablenkung eines Laserstrahls (Detektionslaser), der parallel zur Probenoberfläche durch die thermische Linse ausgesendet wird, bestimmt werden. Die Größe der thermischen Linse, die in ihrer Form einer Gauß-Glocke ähnelt, ist abhängig von der Anregungsfrequenz und der Temperaturleitfähigkeit der Probe (Salnick et al., 1995).

Die Ablenkung des Detektionslaserstrahls wird durch folgende Gleichung beschrieben (Aamodt und Murphy, 1981):

$$\phi = -\int_{P} \frac{1}{n} \cdot \frac{dn}{dT} \cdot \nabla T_f \times dl \tag{3.1}$$

Hierin ist dn/dT der Temperaturgradient des Brechungsindex im Gas, T_f die Temperaturverteilung im Gas, dl eine inkrementelle Länge und P die Strecke des Lasers durch die thermische Linse. Die Ablenkung spaltet sich dabei in eine normale und eine transversale Komponente auf (Aamodt und Murphy, 1981). Für die Berechnung der Temperaturleitfähigkeit nach der sog. Zero-Crossing (ZC)-Methode (Kuo et al., 1986; Salazar et al., 1991; Salnick et al., 1995) wird lediglich der Real- und Imaginärteil der transversalen Komponente der Ablenkung als Funktion der Anregungsfrequenz benötigt. Bei der ZC-Methode wird die gesamte thermische Linse bei ortsfester Anregung und unbewegter Probe in kleinen Intervallschritten durch Verschiebung des Detektionslasers durch die thermische Linse abgetastet. Der Real- und Imaginärteil der transversalen Komponente der Ablenkung des Laserstrahls berechnen sich wie folgt:

Realteil: $\quad Re(\phi_t) = Amplitude \cdot \cos\left(\dfrac{(Phase + \Delta) \cdot \pi}{180°}\right) \tag{3.2}$

Imaginärteil: $\quad Im(\phi_t) = Amplitude \cdot \sin\left(\dfrac{(Phase + \Delta) \cdot \pi}{180°}\right) \tag{3.3}$

Die Amplitude und die Phase werden dem Detektorsignal entnommen. Die „Phase" in den Gleichungen 3.2 und 3.3 bezeichnet dabei die Phasenverschiebung zwischen Anregungssignal und Detektionsignal der thermischen Linse. Die Phasenverschiebung ist abhängig vom Probenmaterial, der Anregungsfrequenz und dem Abstand des Detektionslasers von der Probenoberfläche (vgl. Abb. 3.3, Abstand H). Durch die Anpassung von Δ mit Hilfe eines Korrekturverfahrens im sog. Argand-Diagramm (Kuo et al., 1986; Salazar et al., 1991; Salnick et al., 1995) wird der experimentell nicht vermeidbare Abstand des Detektionslasers zur Probenoberfläche zu null korrigiert.

Für die Experimente zur Bestimmung der Temperaturleitfähigkeit konnte auf einen bereits vorhandenen PSA-Versuchsaufbau am Institut für funktionelle Grenzflächen des KIT zurückgegriffen werden. Dieser ist schematisch in Abb. 3.3 abgebildet. Mit einem senkrecht zur Replicaoberfläche gerichteten

Anregungslaser (DPY315II, Nd-YAG, 532 nm, cw Leistung 60 mW, Adlas Lübeck) wird die Probe punktförmig erhitzt. Der Anregungslaser wird dabei mit einem mechanischen Chopper (3501 Optical Chopper, NEW FOCUS Inc.) moduliert und besitzt einen Focuspunkt mit einem Durchmesser von 100 µm. Die Wärme breitet sich als Funktion der Temperaturleitfähigkeit der Probe gleichermaßen im Feststoff wie auch im Fluid oberhalb der Probe aus – es entsteht die sog. thermische Linse (vgl. Abb. 3.3). Ein zweiter, parallel zur Oberfläche des Replicaplättchens fokussierter Detektionslaser (1101P, He-Ne, 633 nm, Leistung 1 mW, JDS Uniphase, Mantes) wird auf Grund der Änderung des Brechungsindexes der Luft infolge der thermischen Linse abgelenkt. Die Ablenkung wird über eine 4-Quadrantendiode (LCQ 50 Si Quadrantendiode, Laser Components GmbH, Olching) erfasst und mit Hilfe eines Lock-In-Verstärkers (5210, EG&G Priceton Applied Research) ausgewertet. Der Detektionslaser und die Photodiode bilden im sog. Monoblock (Mirage Monobloc 2S, Phototherm Dr. Petry, Saarbrücken) eine gemeinsame verschiebbare Achse, so dass mit einer Mikrometerschraube die thermische Linse quer abgetastet werden kann. Zur Ermittlung der Temperaturleitfähigkeit wird bei verschiedenen Anregungsfrequenzen des Choppers die gesamte thermische Linse mit dem Detektionslaser abgetastet und die transversale Auslenkung des Signals als Funktion der Position in der thermischen Linse mit Hilfe der Photodiode ermittelt. Je Probe wurden 8 verschiedene Frequenzen im Bereich von 4 bis 46 Hz, beginnend mit der höchsten Frequenz, realisiert. Die Abtastung der thermischen Linse erfolgte in 50 µm-Schritten. Die Diffusionslänge μ war dabei in allen Experimenten mindestens doppelt so groß als die Korngrößen der Probe. Die hier verwendete Methode und Vorgehensweise wird in der gängigen Literatur mit „skimming method" bezeichnet (Salazar et al., 1991). Die Experimente wurden bei Raumtemperatur durchgeführt.

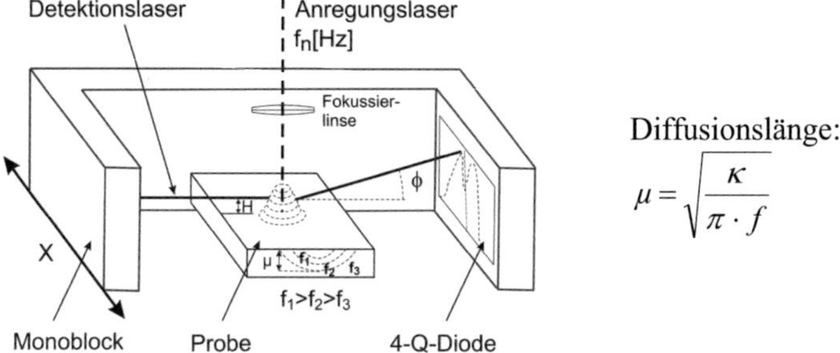

Abb. 3.3: schematische Darstellung des verwendeten PSA-Versuchsaufbaus und Definition der Diffusionslänge μ

Zur Validierung der PSA-Ergebnisse wurde an ausgesuchten Proben in Form von Auftragsmessungen am Institut für Werkstoffkunde I des KIT Laserflash-Messungen (LF) nach DIN EN 821-2 an denselben Replicas, die für die PSA-Experimente verwendet wurden, durchgeführt. Beim LF wird die in einem Ofen befindliche Probe auf der Vorderseite mit Hilfe eines Lasers angeregt. Ein Sb-IR-Detektor registriert auf der Rückseite der Probe den zeitlichen Verlauf der Erwärmung. Die Messungen wurden bei einer Ofentemperatur von 25 °C durchgeführt. Nachteil des LF gegenüber der PSA ist die deutlich höhere Anforderung an die Probengeometrie bzw. Probenaufbereitung.

3.2 Experimentelle Ergebnisse

3.2.1 Morphologie

In Tab. 3.3 sind die Ergebnisse für die mit Hilfe der Mikroskopie ermittelten Steg- und Fensterdurchmesser aufgelistet. Mit steigender ppi-Zahl nehmen bei konstanter Porosität der Fenster- und der Stegdurchmesser ab. Bei konstanter ppi-Zahl und steigender Porosität verringert sich der Stegdurchmesser, wohingegen der Fensterdurchmesser leicht zunimmt. Dieser (theoretisch erwartete) Trend ist gut wiedergegeben für Schwämme aus OBSiC und Mullit, für Al_2O_3-Schwämme kann dies nur bedingt bestätigt werden. Eine mögliche Erklärung wäre, dass die vom Hersteller angegebenen ppi-Zahlen hier nicht genau den tatsächlichen entsprechen und somit ein Vergleich der Proben nur schwer möglich ist. Für beide Parameter wurde eine deutliche Streuung um ihren Mittelwert ermittelt. Sie betrug im Mittel 23 % für die Stegdurchmesser und 20 % für die Fensterdurchmesser. Dies ist mit dem Herstellungsprozess und dem damit verbundenen unzureichenden Auspressen des mit Keramiksuspension beschichteten Precursors zu begründen. Da die Schwammproben kommerziell von einem Metallschmelzenfilterhersteller bezogen wurden, ist diese breite Verteilung der Steg- und Fensterdurchmesser nachzuvollziehen, da für die Reinigung von Metallschmelzen die Ansprüche an reproduzierbar gute Qualität und damit geometrisch ähnliche Schwämme nicht erforderlich sind. Für Korrelationen von Druckverlust-, Wärmeübergangs- und Wärmeleitungsdaten ist deshalb damit zu rechnen, dass die experimentellen Daten stark um die Mittelwertskurven streuen. Diese Streuung ließe sich vermutlich durch die Verwendung von geometrisch ähnlichen und damit engen Verteilungen für Fenster- und Stegdurchmessern um ihren Mittelwert reduzieren. Aktuell sind derartige Proben kommerziell jedoch nicht erhältlich.

Als zweiter Parameter sind in Tab. 3.3 die mit der Kernspintomographie experimentell bestimmten spezifischen Oberflächen für Al_2O_3- und für einige ausgesuchte OBSiC- und Mullit-Schwämme aufgeführt. Auf Grund der hohen Mikroporosität der Netzstruktur des Schwammes konnte das standardmäßig verwendete BET-Verfahren nach DIN ISO 9277 nicht zum Einsatz kommen. In der Literatur existieren Hinweise und erste Ansätze zur Beschreibung und Modellierung von Schwammoberflächen anhand von Computertomographie- oder NMR-Messungen (Dillard et al., 2005; Vicente et al., 2006; Maire et al., 2007). Bisher gibt es allerdings keine vernünftig anwendbare Korrelation zur Berechnung der spezifischen Oberfläche anhand experimentell einfach bestimmbarer und für jeden Schwammtyp spezifischer geometrischer Kenngrößen. Deshalb wurden in dieser Arbeit Experimente zur Bestimmung der spezifischen Oberfläche mit Hilfe der bildgebenden Kernspinresonanztomographie (magnetic resonance imaging, MRI, vgl. Kap. 3.1.1.2) durchgeführt. Für die Auswertung der Daten wurde eigens folgende Auswerteroutine im Softwarepaket Matlab realisiert (Große et al., 2008):

- Das MRI-Experiment liefert einen 3D-Datensatz, in welchem die Struktur des Schwammes je nach Auflösung abgebildet ist. In Abb. 3.4 a) ist exemplarisch für einen 45 ppi-Al_2O_3-Schwamm ($\psi = 80$ %) mit einer Auflösung von 50 µm eine Rekonstruktion einer mittleren Schicht gezeigt. Schwarz signalisiert dabei den Feststoff, grau den mit Wasser gefüllten Hohlraum. Der Schnitt entspricht dabei der Darstellung der x-z-Datenpunkte der 3D-Matrix an einer mittleren Breitenkoordinate y.

- Zur Auswertung des Datensatzes musste das Graustufenbild in ein binäres Bild überführt werden. Anhand eines Histogramms wurde durch die Wahl des Schwellwertes im Minimum der beiden Maximalpeaks das Signal des Feststoffs von dem des Fluids getrennt. Anschließend fand eine Zuordnung der Voxels (= Datenpunkte in einer dreidimensionalen Rastergrafik) zu Feststoff (weiß) und Fluid (schwarz) statt. Das Ergebnis für denselben Schnitt aus Abb. 3.4 a) ist in Abb. 3.4 b) dargestellt.

- Die Reduktion des Rauschsignals wurde durch einen Algorithmus realisiert, welcher die Nachbaranzahl an Feststoffvoxels eines jeden Feststoffvoxels ermittelte und bei Bedarf dieses Feststoffvoxel als Fluidvoxel deklarierte (Farbtausch von weiß nach schwarz). Dies war immer dann der Fall, wenn das betrachtete Feststoffvoxel keinen oder nur einem Nachbar besaß. Das Ergebnis ist in Abb. 3.4 c) dargestellt.

- Im nächsten Schritt wurde die innere Porosität geschlossen, so dass lediglich Stege aus Vollmaterial zur Berechnung der spezifischen Oberfläche vorhanden waren. Hierzu wurde die Nachbaranzahl an Feststoffvoxels eines jeden Fluidvoxels ermittelt. Bei 14 oder mehr der 26 möglichen Voxels wurde das Fluidvoxel als Feststoffvoxel gesetzt. Diese Routine wurde dreimal wiederholt. Abb. 3.4 d) zeigt die so erhaltene Feststoffstruktur, anhand welcher die spezifische Oberfläche ermittelt wurde.

- Die Berechnung der spezifischen Oberfläche erfolgte mit Hilfe der Crofton-Formeln (Ohser und Mücklich, 2000). Diese sind in der Literatur gut bekannt und gelten als geeignet für derartige Strukturen. Die Berechnung der spezifischen Oberfläche basiert hierbei auf der Ermittlung der Anzahl an Fluid-Feststoff-Übergängen für verschiedene Raumrichtungen.

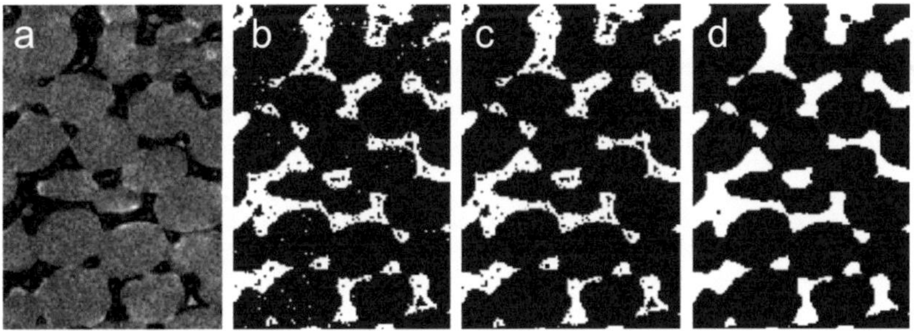

Abb. 3.4: Vorgehensweise zur Berechnung der spezifischen Oberfläche keramischer Schwämme, gezeigt am Beispiel eines 45 ppi-Al$_2$O$_3$-Schwammes ($\psi = 80$ %): (a) Originalbild aus dem MRI-Experiment, (b) binäres Bild für die Zuordnung Feststoff-Fluid durch Wahl eines Schwellwertes, (c) Elimination des Rauschens, (d) Schließen der inneren Porosität

Für alle Al$_2$O$_3$- sowie für ausgesuchte Mullit- und OBSiC-Schwämme wurden verlässliche und gut auswertbare Ergebnisse erzielt, wobei für Mullit- und OBSiC-Schwämme vergleichsweise mehr Messartifakte (vgl. weiße Stellen in Abb. 3.4 a) auftraten. Um in Zukunft geld- und zeitintensive Experimente vermeiden zu können, wurde eine Korrelation zur Berechnung der spezifischen Oberfläche anhand von Steg- und Fensterdurchmessern sowic der Gesamtporosität (ψ_{gesamt}) entwickelt. Die Struktur der Korrelation wurde an der für den Tetrakaidekaeder hergeleiteten Formel (vgl. Gleichung 3.4) der Autoren Buciuman und Kraushaar-Czarnetzki (2003) orientiert.

$$S_v = C \cdot \frac{1}{d_{Steg} + d_{Fenster}} \cdot (1 - \psi)^n \qquad (3.4)$$

Der Tetrakaidekaeder ist ein raumfüllender Vielflächner bestehend aus 6 Quadraten und 8 Sechsecken und stellt eine mögliche Einheitszelle einer idealisierten Schwammstruktur dar. Es gilt $C = 4{,}82$ und $n = 0{,}5$ (Buciuman und Kraushaar-Czarnetzki, 2003). Mit Hilfe der Werte aus Tab. 3.3 und Tab. 3.4 wurden der Vorfaktor und die Potenz der Porositätsabhängigkeit gegenüber dem Tetrakaidekaedermodell auf Grund der anisotropen Netzstruktur neu angepasst. Es ergaben sich durch Fehlerquadratminimierung unter Einbeziehung aller zur Verfügung stehenden Messwerte $C = 2{,}87$ und $n = 0{,}25$. Anhand der angepassten Parameter wurden im folgenden Schritt die spezifischen Oberflächen für alle Schwammtypen berechnet (vgl. Tab. 3.3, rechte Spalte "$S_{v,ber}$"). Dabei ergab sich ein maximaler relativer Fehler von 24 % bzw. ein mittlerer relativer Fehler von 9 % gegenüber den experimentellen Werten.

Tab. 3.3: Fenster- und Stegdurchmesser aus der Lichtmikroskopie sowie ein Vergleich der experimentell ermittelten und durch die Korrelation (Gleichung 3.4) berechneten spezifischen Oberflächen für Schwämme aus Al_2O_3, Mullit und OBSiC

Material	$\psi_{Hersteller}$	ppi	d_{Steg} / µm	$d_{Fenster}$ / µm	$S_{v,MRI}$ / m^{-1}	$S_{v,ber}$ / m^{-1}
Al_2O_3	75 %	20	651	1529	1002	930
	80 %	10	967	2253	664	596
		20	476	1091	1204	1224
		30	391	884	1402	1505
		45	195	625	1884	2339
	85 %	20	544	1464	974	889
Mullit	75 %	20	612	1348	---	1035
	80 %	10	895	2111	660	638
		20	545	1405	1118	984
		30	533	1127	1395	1156
		45	293	685	2162	1962
	85 %	20	510	1522	---	879
OBSiC	75 %	20	896	1361	935	899
	80 %	10	1063	2257	675	578
		20	719	1489	---	869
		30	544	1107	---	1162
		45	275	715	1866	1938
	85 %	20	622	1467	890	855

3.2.2 Bestimmung der Porosität

In Tab. 3.4 sind die Ergebnisse der Porositätsbestimmung mit Hilfe der Quecksilberporosimetrie dargestellt. Es wurde eine beispielhafte Probenauswahl getroffen, um möglichst Sondermüll durch Quecksilber verseuchte Proben zu minimieren. Für die restlichen Schwammproben wurde die Gesamtporosität gravimetrisch über Gewicht und geometrische Abmaße bestimmt.

Es zeigte sich, dass der durchströmbare Hohlraum des Schwammes (entspricht ψ_{hydro}) im Mittel etwa 5 % niedriger ist als der der gesamten Fluidphase (entspricht ψ_{ges}). Die Porosität des Steges beträgt im Mittel in etwa 20 %. Ein Vergleich der tatsächlichen Gesamtporosität mit der vom Hersteller angegebenen Nennporosität ergab eine sehr gute Übereinstimmung (maximal 1,5 % Abweichung, meist jedoch unter 1 %).

Tab. 3.4: Gesamt- und Stegporosität sowie hydrodynamisch zugängliche Porosität für Schwämme aus Al_2O_3, Mullit und OBSiC (Mittelwerte aus Mehrfachmessungen)

Material	$\psi_{Hersteller}$	ppi	ψ_{ges}	ψ_{Steg}	ψ_{hydro}	
Al_2O_3	75 %	20	75,4 %	20,7 %	69,0 %	*
	80 %	10	80,8 %	18,5 %	77,3 %	*
		20	80,2 %	21,5 %	74,6 %	*
		30	80,6 %	21,8 %	75,4 %	*
		45	80,9 %	21,0 %	76,3 %	*
	85 %	20	85,4 %	22,9 %	81,3 %	*
Mullit	75 %	20	73,6 %	---	---	**
	80 %	10	78,5 %	---	---	**
		20	78,9 %	17,9 %	73,3 %	*
		30	79,3 %	17,9 %	74,6 %	*
		45	79,7 %	18,6 %	74,6 %	*
	85 %	20	83,4 %	---	---	**
OBSiC	75 %	20	74,2 %	---	---	**
	80 %	10	79,1 %	---	---	**
		20	79,1 %	---	---	**
		30	79,1 %	---	---	**
		45	78,6 %	---	---	**
	85 %	20	84,5 %	---	---	**

* ψ_{ges}-Daten bestimmt mit Hilfe der Quecksilberporosimetrie

** gravimetrisch bestimmte Daten für ψ_{ges}

3.2.3 Stoffeigenschaften des Zweiphasensystems

3.2.3.1 Fluid

In allen Versuchen wurde sowohl für die Experimente mit stagnierender Fluidschicht als auch im durchströmten Fall Luft als Fluid verwendet. Die Stoffwerte von Luft wurden jeweils temperaturabhängig betrachtet und dem VDI-Wärmeatlas, Abschnitt Dbb (2006) entnommen.

3.2.3.2 Feststoff[1]

Da die Stoffwerte des Feststoffgerüstes aus Geheimhaltungsgründen vom Hersteller nicht bekannt gegeben wurden, wurden die für die in den folgenden Kapiteln zur Modellierung notwendigen Stoffwerte selbst bestimmt. Reinstoffdaten aus der Literatur oder aus Tabellenbüchern konnten auf Grund von möglichen Verunreinigungen in der Ausgangssuspension und Modifikationen der Suspension bei der Herstellung der Schwämme nicht verwendet werden. Besonders von Interesse ist hierbei die Feststoffwärmeleitfähigkeit. Diese kann indirekt nach folgender Gleichung über die Dichte, die spezifische Wärmekapazität und die Temperaturleitfähigkeit bestimmt werden:

$$\lambda_s = \rho_s \cdot c_{p,s} \cdot \kappa_s \tag{3.5}$$

a) Dichte

Die Dichte wurde, wie in Kap. 3.1.2.1 beschrieben, mit Hilfe der Helium-Pyknometrie bestimmt. Die so ermittelten Werte sind in Tab. 3.5 aufgelistet. Ein Vergleich mit Literaturdaten von Morell (1985) zeigt eine verhältnismäßig gute Übereinstimmung mit einem relativen Fehler unter 1,5 %.

Tab. 3.5: experimentell bestimmte Dichte sowie Vergleich mit Literaturwerten nach Morell (1985) von Al_2O_3, Mullit und OBSiC

Material	$\rho_s\ /\ \left(\mathrm{g\,cm^{-3}}\right)$		Abweichung
	exp. ermittelt	Morell, 1985	
Al_2O_3	3,89	3,99	1,0 %
Mullit	2,95	3,17	1,3 %
OBSiC	3,03	3,21	1,3 %

---

[1] Die Ergebnisse sind im Int. J. Heat Mass Transfer 53 (1), 198-205, 2010 publiziert.

b) spezifische Wärmekapazität

In Abb. 3.5 sind die mit Hilfe der Wärmestrom-Differenz-Kalorimetrie (vgl. Kap. 3.1.2.2) experimentell ermittelten Daten für die spezifische Wärmekapazität im Temperaturbereich von 30 °C – 600 °C dargestellt (Symbole). Es ist erkennbar, dass die spezifische Wärmekapazität für alle drei Materialien ähnlich ist und einem logarithmischen Verlauf mit der Temperatur folgt. Die Ausgleichsfunktionen für die drei Materialien sind in Tab. 3.5 aufgelistet.

Tab. 3.6: experimentell ermittelte spezifische Wärmekapazität für Al$_2$O$_3$, Mullit und OBSiC als Funktion der Temperatur (gültig zwischen 30 °C und 600 °C)

Material	$c_{p,s}$ / $\left(\text{kJ kg}^{-1}\,\text{K}^{-1}\right)$
Al$_2$O$_3$	$c_{p,s} = 0{,}110 \cdot \ln \vartheta/°C + 0{,}438$
Mullit	$c_{p,s} = 0{,}116 \cdot \ln \vartheta/°C + 0{,}428$
OBSiC	$c_{p,s} = 0{,}125 \cdot \ln \vartheta/°C + 0{,}348$

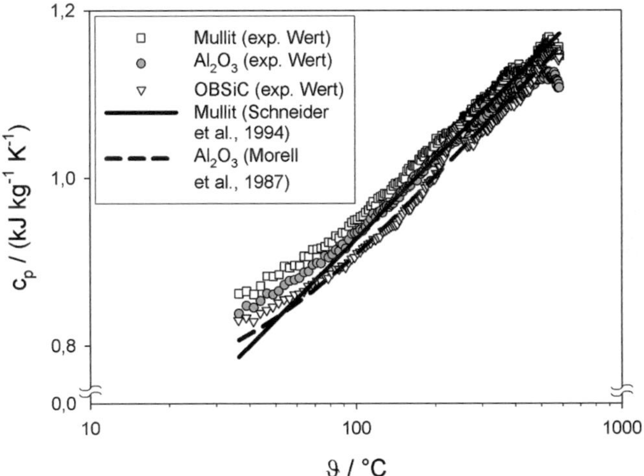

Abb. 3.5: experimentell ermittelte Werte für die spezifische Wärmekapazität für Al$_2$O$_3$, Mullit und OBSiC und ein Vergleich der experimentellen Daten mit Literaturdaten von Morell (1987) für Al$_2$O$_3$ und Schneider et al. (1994) für Mullit

Zusätzlich sind in Abb. 3.5 die experimentellen Daten für Al$_2$O$_3$ mit Literaturwerten von Morell (1987) verglichen. Es zeigt sich über den gesamten Temperaturbereich eine gute Übereinstimmung und eine sehr gute Ähnlichkeit des Kurvenverlaufs. Die leichten Unterschiede sind in Verunreinigungen begründet. Für Mullit wurde eine ähnlich gute Übereinstimmung mit Literaturdaten von Schneider et al. (1994) ermittelt, für OBSiC konnten keine Referenzdaten gefunden werden.

c) Temperaturleitfähigkeit[2]

Um die Methode der „Photothermischen Strahlablenkung" gemäß Kap. 3.1.2.3 anwenden zu können, wurde in Vorversuchen mit Hilfe von Absorptionsspektren ein geeigneter Anregungslaser ermittelt. Jedes Material absorbiert spezifisch innerhalb eines Wellenlängenbereiches das Laserlicht. Für die hier verwendeten Keramiken stellte sich heraus, dass ein Nd-YAG-Laser mit einer Wellenlänge von 532 nm und einer Ausgangsleistung von 60 mW zur Anregung für alle drei Proben verwendet werden konnte.

Die Bestimmung des Frequenzbereiches zur Modulation des Lasers durch den Chopper erfolgte mit Hilfe einer Einpunktmessung. Dabei wurden die Amplitude und die Phasenverschiebung des Detektionslasers über einen Frequenzbereich von 4 Hz bis 80 Hz bestimmt und über der Frequenz aufgetragen. Für die anschließende Bestimmung der Temperaturleitfähigkeit wurde der Frequenzbereich benutzt, in dem das Signal der Amplitude und der Phasenverschiebung einen linearen Verlauf zeigten. Dies war gegeben für Frequenzen von 4 Hz bis 46 Hz.

Innerhalb dieses Frequenzbereichs wurde je Probe für 8 unterschiedliche Frequenzen die sog. Zero-Crossing-Distanz (ZCD) ermittelt. Die ZCD beschreibt die horizontale Ausdehnung der thermischen Linse. Im Folgenden wird die Routine zur ZCD-Bestimmung aus der Literatur kurz beschrieben, wobei Abb. 3.6 eine schematische Darstellung davon zeigt (Kuo et al., 1986; Salszar et al., 1991; Salnick et al., 1995).

Mit Hilfe einer 4-Quadrantendiode wurden die Amplitude und die Phasenverschiebung des Detektionslasers an mehreren Stellen außer- und innerhalb der thermischen Linse in einer Schrittweite von 50 μm bestimmt.

Nach den Gleichungen 3.2 und 3.3 wurde im nächsten Schritt der Real- und Imaginärteil der transversalen Verschiebung ϕ_t des Detektions-Laserstrahls berechnet (dabei wurde Δ zunächst zu null gesetzt). Die Auftragung dieser beiden Größen im Argand-Diagramm ergibt in Abhängigkeit der Anregungsfrequenz eine Rotation der charakteristischen „Achterkurven" im Uhrzeigersinn (vgl. Abb. 3.6 links oben). Die Ursache hierfür ist der Abstand des Detektionslasers von der Probenoberfläche (vgl. Abb. 3.3, Abstand H), auf

---

[2] Die Ergebnisse sind in J. Phys. Conf. Ser. 214, 012082, 2010 publiziert.

Grund dessen der Laser die thermische Linse bei unterschiedlichen Frequenzen an geometrisch unterschiedlichen Positionen schneidet. Damit ist das Originalsignal der transversalen Verschiebung zunächst verfälscht.

Die Korrektur des Originalsignals erfolgte durch eine Phasenkorrektur. Dazu wurde der Quotient aus Realteil der transversalen Verschiebung und der Amplitude gegenüber der transversalen Distanz des Monoblocks aufgetragen. Per Definition muss in der Mitte der thermischen Linse ein Phasensprung von + 90 ° nach – 90 ° (bzw. + 1 nach – 1) stattfinden (Salnick et al., 1995). Da dies aufgrund des Abstandes des Detektionslasers von der Probenoberfläche nicht gegeben war, wurde die Phase so lange um Δ korrigiert, bis der geforderte Phasensprung erreicht war (vgl. schwarze Punkte in Abb. 3.6 unten, Schritt 1). Die Korrektur des Real- und Imaginärteils durch Δ in Abhängigkeit der Frequenz bewirkt eine Drehung der „Achterkurven" im Argand-Diagramm. Bei korrekter Bestimmung der Phasenkorrektur müssen alle „Achterkurven" der unterschiedlichen Frequenzen gleich orientiert aufeinander liegen (vgl. Abb. 3.6 rechts oben, Schritt 2).

Anschließend wurde die ZCD aus dem Diagramm des Phasensprungs abgelesen. Sie ist definiert als der Abstand zwischen den beiden ersten nicht zentralen Nulldurchgängen (Schritt 3).

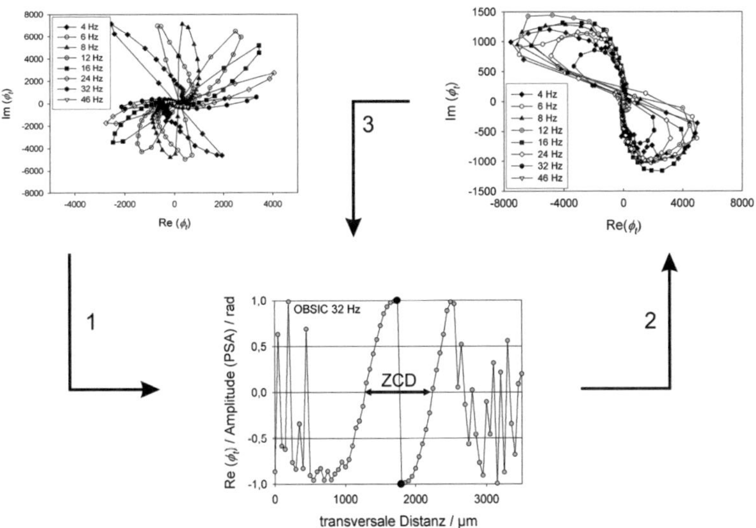

Abb. 3.6: PSA-Auswerteprozedere zur Bestimmung der Zero-Crossing-Distanz, (ZCD) beispielhaft gezeigt für OBSiC

Da die ZCD (und damit die Größe der thermischen Linse) frequenz-abhängig ist, kann mit Hilfe der Steigung aus der Regressionsgeraden des linearen Zusammenhangs von ZCD gegen die inverse Wurzel der Frequenz die Temperaturleitfähigkeit über folgende Gleichung ermittelt werden (Salazar et al., 1991):

$$\kappa_{Replica} = \frac{Steigung^2}{\gamma \cdot \pi} \tag{3.6}$$

γ ist ein probenabhängiger Korrekturfaktor, der die optischen und thermischen Eigenschaften einer Probe berücksichtigt. Für optisch und thermisch dicke Proben wurde er in der Literatur zu $\gamma = 1{,}44$ bestimmt (Salazar et al., 1991). In Tab. 3.7 sind die auf diese Weise ermittelten Temperatur-leitfähigkeiten aufgelistet. Der Vergleich mit den Auftragsmessungen der Laserflash-Methode ergab einen maximalen relativen Fehler von 8,4 %.

Tab. 3.7: mit Hilfe der PSA und des Laserflash-Verfahrens experimentell ermittelte Temperaturleitfähigkeiten für Al_2O_3, Mullit und OBSiC bei 25 °C

Material	$\kappa_s\ /\ \left(m^2\,s^{-1}\right)$		Abweichung
	PSA	Laserflash	bez. auf Laserflash
Al_2O_3	$8{,}94 \cdot 10^{-6}$	$8{,}25 \cdot 10^{-6}$	8,4 %
Mullit	$1{,}82 \cdot 10^{-6}$	$1{,}93 \cdot 10^{-6}$	5,7 %
OBSiC	$4{,}06 \cdot 10^{-6}$	$3{,}91 \cdot 10^{-6}$	3,8 %

d) Feststoffwärmeleitfähigkeit
Die Berechnung der Feststoffwärmeleitfähigkeit erfolgte nach Gleichung 3.5. Da die Stege jedoch mikroporös sind, stimmt die Porosität der Stege mit den Replicas nicht überein. Aus diesem Grund musste bei der Berechnung der Feststoffwärmeleitfähigkeit die Stegporosität mit einbezogen werden. Demnach folgt aus Gleichung 3.5 nach Kollenberg (2004):

$$\lambda_{Steg} = \rho_s \cdot c_{p,s} \cdot \kappa_s \cdot \left(1 - \psi_{Steg}\right) \tag{3.7}$$

Die nach Gleichung 3.5 berechneten Reinstoffwärmeleitfähigkeiten und die nach Gleichung 3.7 korrigierten Feststoffwärmeleitfähigkeiten der Schwammstege sind in Tab. 3.8 gegenübergestellt. Der Vergleich mit Literatur-daten von Morell et al. (1985) zeigt für Al_2O_3 eine gute Übereinstimmung mit dem angegebenen Wertebereich. Für Mullit weichen die Werte leicht ab. Dies liegt hauptsächlich an den Verunreinigungen in der Ausgangsmatrix zur Herstellung der Schwämme. Die wesentlich geringere Wärmeleitfähigkeit von OBSiC gegenüber der des reinen SiC ist vor allem damit zu erklären, dass hier lediglich SiC-Splitter in einer monoklinen Montmorillonit-Matrix zufällig verteilt sind und deshalb keine durchgängige Phase bilden. Dennoch dürfte die Wärmeleitfähigkeit leicht höher als die experimentell ermittelten Werte liegen, da wie in Kap. 3.1.2.3 angedeutet, die SiC-Splitter (und damit auch die Korngrößen) infolge der Mahlung bei der Replica-Herstellung um bis zu einem Faktor 10 gegenüber dem Original-Schwammsteg verkleinert wurden. Eine Abhängigkeit der Feststoffwärmeleitfähigkeit von der Korngröße wurde unter anderem von Jang und Sakka (2008) experimentell an ähnlich wie in dieser Arbeit hergestellten Tabletten aus gepresstem und anschließend gesintertem SiC-Pulver beobachtet. Die Autoren stellten fest, dass die Feststoffwärmeleit-fähigkeit mit zunehmender Korngröße ansteigt. Bereits 1992 führten Hasselman et al. (1992) Untersuchungen an SiC-verstärkten Aluminium-Verbundwerk-stoffen zur Bestimmung der Abhängigkeit der Feststoffwärmeleitfähigkeit von der SiC-Partikelgröße durch. Die Autoren stellten fest, dass auf Grund der größeren Anzahl an SiC-Partikel-Matrixübergängen bei kleineren Partikelgrößen (gleichbedeutend mit kleineren Korngrößen) im Vergleich zu großen Partikeln größere Wärmeübergangswiderstände vorliegen und damit die Perkolation vermindert ist. In einem Modell aus Serien- und Parallelschaltung von Wider-ständen verschiebt sich das Verhältnis damit in Richtung der Serienschaltung. Dies bewirkt bei sinkender Partikelgröße (also sinkender Korngröße) sinkende Feststoffwärmeleitfähigkeiten (Hasselman et al., 1992). Beide Veröffentlich-ungen lassen damit die oben aufgestellte These plausibel erscheinen, dass die am OBSiC-Replica gemessene Feststoffwärmeleitfähigkeit leicht niedriger sein dürfte als die tatsächliche Feststoffwärmeleitfähigkeit der Schwammstege.

Tab. 3.8: experimentell ermittelte Wärmeleitfähigkeit des kompakten Feststoffs sowie des porösen Schwammsteges

Material	$\lambda_s \, / \left(\mathrm{W\,m^{-1}\,K^{-1}} \right)$		
	Feststoff (ber. mit Gl. 3.5)	Schwammsteg (ber. mit Gl. 3.7)	Literaturwert (Morell et al., 1985)
Al_2O_3	27,5	26,8	25-35
Mullit	4,3	4,0	6,1
OBSiC	9,2	8,7	90,0*

* Wert für technisch reines SiC

4 Hydrodynamik – Druckverlust

4.1 Theoretische Grundlagen

Der Druckverlust beschreibt die durch Wand- und innere Fluidreibung induzierte Druckdifferenz zwischen Ein- und Ausgang von verfahrenstechnischen Bauteilen oder Armaturen. Allgemein berechnet sich der Druckverlust nach folgender Gleichung, welche aus der Definition des Widerstandsbeiwertes abgeleitet ist (Bird et al., 2007):

$$\frac{\Delta p}{\Delta L} = \xi \cdot \rho_f \cdot \frac{u_0^2}{\psi^2} \cdot \frac{1}{d_h} \qquad (4.1)$$

Unter Verwendung des Ansatzes für den Widerstandsbeiwert

$$\xi = \frac{A}{Re} + B \quad \text{mit} \quad Re = \frac{u_0}{\psi} \cdot \frac{d_h}{\nu_f} \qquad (4.2)$$

ergibt sich eingesetzt in Gleichung 4.1

$$\frac{\Delta p}{\Delta L} = A \cdot \frac{\eta_f}{\psi \cdot d_h^2} \cdot u_0 + B \cdot \frac{\rho_f}{\psi^2 \cdot d_h} \cdot u_0^2 \qquad (4.3)$$

Hierin sind A und B Anpassungskonstanten an experimentelle Werte. Der erste Summand wird allgemein als viskoser Term, der zweite Summand als Trägheitsterm bezeichnet. Der hydraulische Durchmesser ergibt sich für poröse Strukturen nach (Bird et al., 2007)

$$d_h = 4 \cdot \frac{\textit{fluiddurchlässige Querschnittsfläche}}{\textit{benetzter Umfang}}$$
$$= 4 \cdot \frac{A_{Fluid}}{U} \cdot \frac{L}{L} = 4 \cdot \frac{V_{Fluid}}{S} \cdot \frac{V}{V} = 4 \cdot \frac{\psi}{S_v} \qquad (4.4)$$

4.2 Stand des Wissens

In der Literatur gibt es sowohl für metallische als auch für keramische Schwämme zahlreiche Veröffentlichungen zur Beschreibung und Korrelation des Druckverlustes (vgl. Tab. 4.1). Aufgrund der prinzipiellen Ähnlichkeit der Schwämme zu Kugelschüttungen ist dabei stets ein Polynom zweiter Ordnung Grundlage zur modellhaften Beschreibung der experimentellen Werte. Für Kugelschüttungen wurde bereits 1952 von Ergun (1952) ausgehend von

Gleichung 4.3 durch Einsetzen des hydraulischen Durchmessers die sog. Ergungleichung hergeleitet und validiert. Die Anpassung der Konstanten A und B erfolgte anhand der Minimierung der Fehlerquadratsumme und es ergab sich:

$$\frac{\Delta p}{\Delta L} = 150 \cdot \frac{(1-\psi)^2}{\psi^3 \cdot d_P^2} \cdot \eta_f \cdot u_0 + 1{,}75 \cdot \frac{(1-\psi)}{\psi^3 \cdot d_P} \cdot \rho_f \cdot u_0^2 \qquad \textbf{(4.5)}$$

Lacroix et al. (2007) und Innocentini et al. (1999) korrelierten ihre experimentellen Daten für keramische Schwämme ausgehend von Gleichung 4.5, indem sie den Partikeldurchmesser der Schüttung durch den Zelldurchmesser ersetzten (vgl. Tab. 4.1). Diverse Autoren (Richardson et al., 2000; Moreira et al., 2004; Moreira und Coury, 2004; Liu et al., 2006) übernahmen die grundsätzliche Struktur von Gleichung 4.5 und ersetzen ebenfalls den Partikeldurchmesser durch den Zelldurchmesser. In der Anpassung an die experimentellen Daten wurden die Konstanten jedoch neu bestimmt und zusätzlich die Potenz des Zelldurchmessers verändert. Die Autoren Giani et al. (2005) und Garrido et al. (2008) orientierten sich bei ihren Korrelationen ebenfalls an der Grundstruktur eines quadratischen Polynoms. Die Vorfaktoren der Geschwindigkeitsvariablen wurden hier jeweils als Funktion des Zell- und Stegdurchmessers an die Messwerte angepasst. Du Plessis et al. (1994) hingegen korrelierten ihre experimentellen Daten mit Hilfe eines quadratischen Polynoms, wobei die Vorfaktoren mit der Tortuosität modelliert wurden.

Die hier beschriebenen Korrelationen aus der Literatur bilden die Messwerte der jeweiligen Autoren sehr gut ab. Dennoch sind die Modelle von Lacroix et al. (2007), Innocentini et al. (1999), Richardson et al. (2000), Moreira et al. (2004), Moreira und Coury (2004) sowie von Liu et al. (2006) physikalisch nicht korrekt formuliert, da die Modelle auf Gleichung 4.5 basieren und dadurch die Annahme des hydraulischen Durchmessers einer Kugelschüttung implizit beinhalten. Prinzipiell ist es nicht korrekt, den Partikeldurchmesser durch den Zelldurchmesser zu ersetzen und damit die Original-Ergun-Gleichung auf Schwämme anzuwenden. Gestützt wird diese These durch Du Plessis und Woudberg (2008), die in ihrer Veröffentlichung angeben, dass die Ergun-Gleichung lediglich für Schüttungen anwendbar ist. Weiterhin ist mit Ausnahme des Modells von Lacroix et al. (2007) für die übrigen Modelle problematisch, dass die Kenntnis des Zelldurchmessers vorausgesetzt wird. Mit einfachen Mitteln, wie beispielsweise der Lichtmikroskopie, ist diese Größe auf Grund ihrer dreidimensionalen Orientierung im Raum nicht zugänglich und damit in der Regel sehr fehlerbehaftet.

Tab. 4.1: in der Literatur vorhandene Korrelationen zur Beschreibung des Druckverlustes in Schwämmen (d_p entspricht bei [2] bis [8] dem Zelldurchmesser)

Ref.	Druckverlust-Korrelation	Schwammtyp
[1]	$$\frac{\Delta p}{\Delta L} = 150 \cdot \frac{(1-\psi)^2}{\psi^3 \cdot d_p^2} \cdot \eta_f \cdot u_0 + 1{,}75 \cdot \frac{(1-\psi)}{\psi^3 \cdot d_p} \cdot \rho_f \cdot u_0^2$$ $$d_p = \frac{6}{4} \cdot d_{Steg}$$	SiC $d_p = 1750\,\mu m$ $d_p = 2650\,\mu m$ $d_p = 3650\,\mu m$ $81\,\% < \psi < 91\,\%$
[2]	$$\frac{\Delta p}{\Delta L} = 150 \cdot \frac{(1-\psi)^2}{\psi^3 \cdot d_p^2} \cdot \eta_f \cdot u_0 + 1{,}75 \cdot \frac{(1-\psi)}{\psi^3 \cdot d_p} \cdot \rho_f \cdot u_0^2$$	SiC-Al$_2$O$_3$ 30 /45 /60 /75 ppi $85\,\% < \psi < 90\,\%$
[3]	$$\frac{\Delta p}{\Delta L} = \frac{A \cdot S_v^2 \cdot (1-\psi)^2}{\psi^3} \cdot \eta_f \cdot u_0 + \frac{B \cdot S_v \cdot (1-\psi)}{\psi^3} \cdot \rho_f \cdot u_0^2$$ $$A = 973[m^{-0{,}743}] \cdot d_p^{0{,}743} \cdot (1-\psi)^{-0{,}0982}$$ $$B = 368[m^{0{,}7523}] \cdot d_p^{-0{,}7523} \cdot (1-\psi)^{0{,}07158}$$ $$S_v = \frac{12{,}979 \cdot \left[1 - 0{,}971 \cdot (1-\psi)^{0{,}5}\right]}{d_p \cdot (1-\psi)^{0{,}5}}$$	Al$_2$O$_3$ 10 /30 /45 /65 ppi $80\,\% < \psi < 88\,\%$
[4]	$$\frac{\Delta p}{\Delta L} = \frac{A \cdot (1-\psi)^2}{\psi^3 \cdot d_p^{0{,}264}} \cdot \eta_f \cdot u_0 + \frac{B \cdot (1-\psi)}{\psi^3 \cdot d_p^{-0{,}24}} \cdot \rho_f \cdot u_0^2$$ mit $A = 1{,}36 \cdot 10^8 [m^{-1{,}736}]$ und $B = 1{,}8 \cdot 10^4 [m^{-1{,}24}]$	SiC-Al$_2$O$_3$ 8 /20 /44 ppi $76\,\% < \psi < 94\,\%$
[5]	$$\frac{\Delta p}{\Delta L} = \frac{A \cdot (1-\psi)^2}{\psi^3 \cdot d_p^{-0{,}05}} \cdot \eta_f \cdot u_0 + \frac{B \cdot (1-\psi)}{\psi^3 \cdot d_p^{-0{,}25}} \cdot \rho_f \cdot u_0^2$$ mit $A = 1{,}275 \cdot 10^9 [m^{-2{,}05}]$ und $B = 1{,}89 \cdot 10^4 [m^{-1{,}25}]$	SiC-Al$_2$O$_3$ 8 /20 /44 ppi $76\,\% < \psi < 94\,\%$
[6]	$$\frac{\Delta p}{\Delta L} = 22 \cdot \frac{(1-\psi)^2}{\psi^3 \cdot d_p^2} \cdot \eta_f \cdot u_0 + 0{,}22 \cdot \frac{(1-\psi)}{\psi^3 \cdot d_p} \cdot \rho_f \cdot u_0^2$$	Al 5 /10 /20 /40 ppi $87\,\% < \psi < 96\,\%$
[7]	$$\frac{\Delta p}{\Delta L} = \frac{13{,}56 \cdot d_p^3}{2 \cdot d_{Fenster}^4 \cdot d_{Steg}} \cdot \eta_f \cdot u_0 + \frac{0{,}87 \cdot d_p^3}{2 \cdot d_{Fenster}^4} \cdot \rho_f \cdot u_0^2$$ mit $d_{Fenster} = d_p - d_{Steg}$	FeCr-Legierung 10 /20 /40 ppi $91\,\% < \psi < 93\,\%$
[8]	$$\frac{\Delta p}{\Delta L} = \frac{\eta_f}{A \cdot D_p^{1{,}18} \cdot \psi^7} \cdot u_0 + \frac{\rho_f}{B \cdot D_p^{0{,}77} \cdot \psi^{4{,}42}} \cdot u_0^2$$ $$D_p = d_p + d_{Steg}$$ mit $A = 1{,}42 \cdot 10^{-4} [m^{0{,}82}]$ und $B = 0{,}89 [m^{0{,}23}]$	Al$_2$O$_3$ 10 /20 /30 /45 ppi $75\,\% < \psi < 85\,\%$

[9]	$\dfrac{\Delta p}{\Delta L} = \dfrac{36 \cdot \tau \cdot (\tau - 1)}{\psi^2 \cdot d_p^2} \cdot \eta_f \cdot u_0 + \dfrac{2{,}05 \cdot \tau \cdot (\tau - 1)}{\psi^2 \cdot (3 - \tau) \cdot d_p} \cdot \rho_f \cdot u_0^2$	G45, G60, G100
	Tortuosität: $\tau = 2 + 2 \cdot \cos\left(\dfrac{4 \cdot \pi}{3} + \dfrac{1}{3} \cdot \cos^{-1}(2 \cdot \psi - 1)\right)$	45 /60 /100 ppi $85\,\% < \psi < 94\,\%$

[1] Lacroix et al., 2007; [2] Innocentini et al., 1999; [3] Richardson et al., 2000;
[4] Moreira et al., 2004; [5] Moreira und Coury, 2004; [6] Liu et al., 2006;
[7] Giani et al., 2005; [8] Garrido et al., 2008; [9] Du Plessis et al., 1994

In einer kürzlich erschienenen Veröffentlichung von Edouard et al. (2008) wurde die Mehrzahl der in Tab. 4.1 aufgelisteten Modelle anhand von eigenen experimentellen Daten für SiC-Schwämme miteinander verglichen. Die Autoren ziehen dabei den Schluss, dass alle untersuchten Modelle nur bedingt anwendbar sind, da sich meist eine Standardabweichung von größer 100 % ergibt. Die besten Ergebnisse erzielen die Korrelationen von Lacroix et al. (2007) und Du Plessis et al. (1994), da hier keine Anpassung an die experimentellen Daten erforderlich war. Die Standardabweichung liegt hier bei ca. 30 % (Edouard et al., 2008).

Für die in Tab. 4.1 aufgelisteten Modelle aus der Literatur wurde deren Anwendbarkeit auf die in dieser Arbeit experimentell ermittelten Daten über-prüft. Da hierfür die Kenntnis des Zelldurchmessers unbedingt erforderlich war, wurde er mangels experimenteller Daten anhand folgender Gleichung abgeschätzt:

$$d_p = d_{Fenster} + d_{Steg} \tag{4.6}$$

Die Abweichung des jeweiligen Modells von den experimentellen Daten wurde anschließend als relativer Fehler (bezogen auf die experimentellen Daten) berechnet. Abb. 4.1 zeigt exemplarisch für einen Al_2O_3-Schwamm mit 20 ppi und einer Porosität von 80 % den relativen Fehler bei unterschiedlichen Druckverlustwerten. Es zeigt sich, dass im Falle hoher Druckverluste (korrespondierend zu einer hohen Leerrohrgeschwindigkeit) lediglich die Modelle von Innocentini et al. (1999) und Garrido et al. (2008) zuverlässige Werte mit Fehlern unterhalb 25 % liefern. Im Bereich niedriger Druckverluste (korrespondierend zu einer niedrigen Leerrohrgeschwindigkeit) versagen alle hier aufgeführten Modelle. Diese Aussage gilt analog bei allen anderen in dieser Arbeit verwendeten Schwammtypen und bestätigt damit weitestgehend die Erkenntnisse von Edouard et al. (2008). Damit ist es Ziel dieser Arbeit, eine Korrelation basierend auf physikalisch richtigen Annahmen zu entwickeln, die den gesamten Druckverlust-/ Geschwindigkeitsbereich zuverlässig mit einer Fehlertoleranz von < 25 % abdeckt.

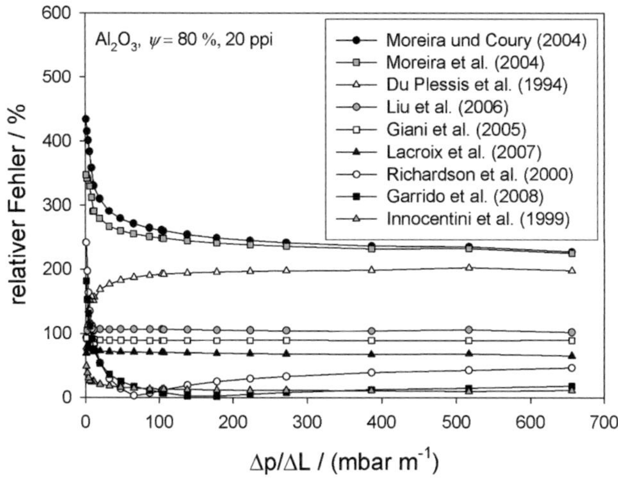

Abb. 4.1: Bewertung der Literaturmodelle anhand des relativen Fehlers zu den in dieser Arbeit ermittelten experimentellen Daten (exemplarisch dargestellt für einen 20 ppi-Al$_2$O$_3$-Schwamm und einer Porosität von 80 %)

4.3   Experimentelle Vorgehensweise

4.3.1   Versuchaufbau

In Abb. 4.2 ist die zur Bestimmung des Druckverlustes verwendete Versuchs-anlage schematisch abgebildet. Bei der Konstruktion des Strömungskanals wurde auf eine universelle Einsatzmöglichkeit durch Modulbauweise geachtet, so dass in derselben Anlage auch die Experimente zur Bestimmung des Wärme-übergangskoeffizienten (vgl. Kap. 5) sowie der radialen Zweiphasen-Wärmeleit-fähigkeit (vgl. Kap. 6.3) möglich war.

Zwei regelbare Gebläse (SD 24, Leister Klappenbach, (1)) fördern Luft aus der Umgebung mit einem konstanten Volumenstrom bis maximal 1000 m³/h in den Strömungskanal. Der Volumenstrom wird über eine Blendenmessstrecke (MBL500F, Dosch Messapparate) und einem integrierten Differenzdruckmesser (Deltabar S, Endress+Hausser) nach EN ISO 5167-2 bestimmt (2). Die Erwärmung der Luft geschieht mit Hilfe eines Lufterhitzers (niedrige Volumen-ströme: LHS Classic 20L, hohe Volumenströme: LHS Classic 60L, Leister

Klappenbach). Damit ein Kolbenprofil im Kanal erreicht wird, ist ein Packungselement (4) zur Verwirbelung der Luft eingebracht. Temperaturgrenzschichten im Anströmbereich des Kanals werden durch Schutzheizungen (HSQ, Horst GmbH) minimiert. Der sich direkt vor der Schwamm-Messstrecke (6) befindliche Schieber (5) ermöglicht eine getrennte Aufheizung des Strömungskanals gegenüber der Schwamm-Messstrecke, so dass Temperatursprünge im den Probenkörper durchströmenden Fluid realisierbar sind. Dies ist insbesondere für Versuche zur Bestimmung des Wärmeübergangskoeffizienten notwendig.

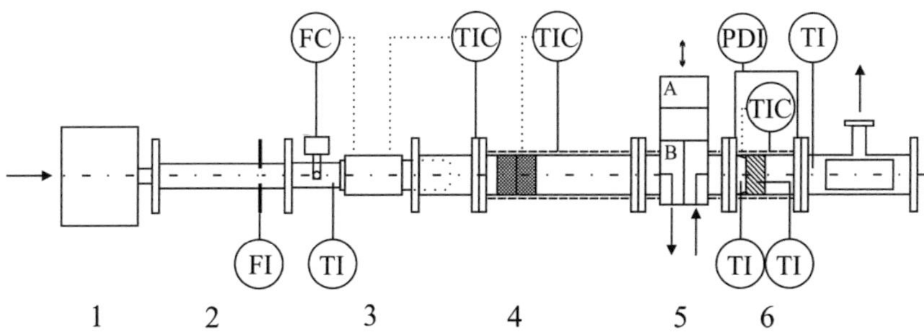

Abb. 4.2: Fließbild des Strömungskanals zur Bestimmung des Druckverlustes, des Wärmeübergangskoeffizienten und der radialen Zweiphasen-Wärmeleitfähigkeit: 1–regelbare Gebläse, 2–Blendenmessstrecke, 3–Lufterhitzer, 4–Strömungsmischer (Packungselement), 5–Schieber, 6–Schwamm-Messstrecke

Um Bypassströmungen an den Probekörpern zu vermeiden, wurden diese mit Gummiband umwickelt, so dass der Schwamm passgenau in den Kanal eingebaut war. Der Druckverlust wurde über zwei Stutzen senkrecht zur Strömungsrichtung am Kanal direkt vor und nach der Schwamm-Messstrecke mit Hilfe eines Projektionsmanometers nach Betz (Aerodynamische Versuchsanstalt Göttingen, Genauigkeit 0,01 mbar) bestimmt.

4.3.2   Versuchsdurchführung

Zur Bestimmung des Druckverlustes wurde der Kanal wie auch das strömende Fluid auf 40 °C aufgeheizt. Der Schieber (5) war dabei ständig in Position A (vgl. Abb. 4.2), so dass das Fluid direkt in die Schwamm-Messstrecke strömen konnte. Mit Hilfe der regelbaren Gebläse (1) wurden verschiedene Leerrohrgeschwindigkeiten im Bereich von 0,1 m s^{-1} bis 9 m s^{-1} eingestellt. Nachdem stationäre Bedingungen erreicht wurden, wurde der Druckverlust direkt am Projektionsmanometer abgelesen und notiert. Um repräsentative Ergebnisse zu erzielen, wurden je Schwammtyp vier verschiedene Proben untersucht und die Druckverlustdaten anschließend arithmetisch gemittelt.

4.4 Korrelation der experimentellen Ergebnisse[3]

4.4.1 Darstellung der experimentellen Daten

In Abb. 4.3 sind exemplarisch die Ergebnisse für Al_2O_3-Schwämme unterschiedlicher Zellgröße und einer Gesamtporosität von 80 % dargestellt. Mit zunehmender Leerrohrgeschwindigkeit sowie mit abnehmender Zellgröße (entspricht steigender ppi-Zahl) steigt der Druckverlust an. Die in Abb. 4.3 verwendeten Symbole markieren die experimentellen Werte, die Linien wurden mit Hilfe eines Polynoms zweiter Ordnung angepasst. Es ist gut zu erkennen, dass diese Fitfunktion die experimentellen Ergebnisse über den gesamten Geschwindigkeitsbereich sehr gut wieder gibt.

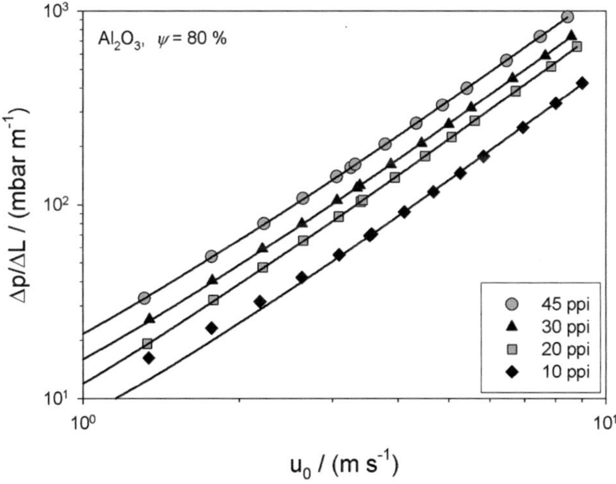

Abb. 4.3: experimentell ermittelter Druckverlust in Abhängigkeit der Leerrohrgeschwindigkeit exemplarisch für Al_2O_3-Schwämme unterschiedlicher Zellgröße und einer Gesamtporosität von 80 %

---

[3] Die Ergebnisse sind im Chem. Eng. Sci. 64 (16), 3633-3640, 2009 publiziert.

Für poröse Systeme (z.B. Schüttungen aus Kugeln, Zylindern, usw.) ist in der Literatur der Ansatz nach Darcy-Forchheimer (Gleichung 4.7) gut bekannt und oft verwendet. Hierbei wird die Anpassung der experimentellen Daten durch ein Polynom zweiten Grades derart vorgeschlagen, dass der Fitparameter des linearen Terms durch den Quotienten aus dynamischer Fluidviskosität und der Anpassungskonstanten K_1 bzw. der Fitparameter des quadratischen Terms mit dem Quotienten aus Fluiddichte und der Anpassungskonstanten K_2 beschrieben wird. K_1 und K_2 werden allgemein als Permeabilitätskoeffizienten bezeichnet und lassen sich leicht durch einen Koeffizientenvergleich mit dem Polynom zweiter Ordnung durch die experimentellen Daten ermitteln.

$$\frac{\Delta p}{\Delta L} = \frac{\eta_f}{K_1} \cdot u_0 + \frac{\rho_f}{K_2} \cdot u_0^2 \tag{4.7}$$

Dieser Ansatz kann in dem Fall verwendet werden, wenn das strömende Fluid im untersuchten Geschwindigkeitsbereich als inkompressibel anzusehen ist. Um dies beurteilen zu können, wurde zunächst die Mach-Zahl berechnet. Sie ergab sich für die maximal realisierte Leerrohrgeschwindigkeit von 9 m s^{-1} zu $M = 0,026$. Für $M \ll 1$ gilt nach Oertel und Böhle (2002), dass das Fluid als inkompressibel betrachtet werden darf. Damit ist die hier beschriebene Vorgehensweise zur Berechnung der Permeabilitätskoeffizienten möglich und es ergaben sich für die einzelnen Schwammtypen die in Tab. 4.2 aufgelisteten Werte. Da die Berechnung der Permeabilitätskoeffizienten durch Division mit temperaturabhängigen Stoffwerten vorgenommen wurde, sind die Permeabilitätskoeffizienten selbst temperaturunabhängig.

Tab. 4.2: experimentell bestimmte Permeabilitätskoeffizienten für Schwämme aus Al$_2$O$_3$, Mullit und OBSiC (10…45 ppi, 75 % $< \psi <$ 85 %)

$\psi_{Hersteller}$	ppi	Al$_2$O$_3$		Mullit		OBSiC	
		K_1/m^2	K_2/m	K_1/m^2	K_2/m	K_1/m^2	K_2/m
75 %	20	$130\cdot10^{-9}$	$88\cdot10^{-5}$	$90\cdot10^{-9}$	$95\cdot10^{-5}$	$65\cdot10^{-9}$	$95\cdot10^{-5}$
80 %	10	$77\cdot10^{-9}$	$187\cdot10^{-5}$	$299\cdot10^{-9}$	$186\cdot10^{-5}$	$276\cdot10^{-9}$	$135\cdot10^{-5}$
	20	$54\cdot10^{-9}$	$114\cdot10^{-5}$	$88\cdot10^{-9}$	$122\cdot10^{-5}$	$56\cdot10^{-9}$	$123\cdot10^{-5}$
	30	$32\cdot10^{-9}$	$98\cdot10^{-5}$	$45\cdot10^{-9}$	$102\cdot10^{-5}$	$46\cdot10^{-9}$	$84\cdot10^{-5}$
	45	$20\cdot10^{-9}$	$76\cdot10^{-5}$	$29\cdot10^{-9}$	$66\cdot10^{-5}$	$17\cdot10^{-9}$	$50\cdot10^{-5}$
85 %	20	$144\cdot10^{-9}$	$180\cdot10^{-5}$	$120\cdot10^{-9}$	$190\cdot10^{-5}$	$220\cdot10^{-9}$	$150\cdot10^{-5}$

Wie bereits in Abb. 4.3 gezeigt, nimmt mit steigender ppi-Zahl der Strömungswiderstand des Schwammes bei konstanter Porosität zu. Aus diesem Grund müssen die Permeabilitätskoeffizienten eine fallende Tendenz aufweisen. Ein Vergleich der Werte in Tab. 4.2 ergibt eine Bestätigung dieser Aussage für alle Schwammtypen.

Ein Vergleich der experimentellen Werte für Schwämme gleicher ppi-Zahl und unterschiedlichen Porositäten liefert, dass der Druckverlust mit abnehmender Porosität ansteigt (vgl. Tab. 4.2). Ein niedriger Wert für die Porosität bedeutet eine Zunahme des Feststoffanteils bei gleichem Probenvolumen. Dies führt zu einer Zunahme des Stegdurchmessers (vgl. Tab. 3.3) und damit zum Anstieg des Strömungswiderstandes. Beim Vergleich der Permeabilitätskonstanten wurde wiederum eine fallende Tendenz der Werte für K_2 bei steigendem Strömungswiderstand beobachtet, im Falle der Werte von K_1 hingegen nur bedingt. Bei der Berechnung des Druckverlustes nach Gleichung 4.7 ist jedoch der quadratische Term bestimmend, so dass die Inkonsistenz der Werte für K_1 und damit im linearen Term nicht stark ins Gewicht fällt.

Werden die experimentellen Werte gleichen Typs aber verschiedenen Materials miteinander verglichen, so ergibt sich ein minimaler Unterschied, der allerdings gegenüber dem ppi- und Porositätseffekt vernachlässigbar klein ist (vgl. Tab. 4.2).

4.4.2 Entwicklung einer Korrelation

In Abb. 4.4 sind die experimentellen Daten für alle untersuchten Schwammtypen in dimensionsloser Form dargestellt. Dabei wird der Druckverlust durch die Hagen-Zahl und die Geschwindigkeit durch die Reynolds-Zahl wie folgt entdimensioniert:

$$Hg = \frac{\Delta p}{\Delta L} \cdot \frac{d_h^3}{\rho_f \cdot v_f^2} \quad \text{und} \quad Re = \frac{u_0}{\psi} \cdot \frac{d_h}{v_f} \tag{4.8}$$

Für die Berechnung des hydraulischen Durchmessers wurde dabei Gleichung 4.4 verwendet. Es zeigt sich, dass alle experimentellen Daten unabhängig von Material, ppi-Zahl und Porosität im untersuchten Reynolds-Zahlen-Bereich von 10 bis 3900 innerhalb einer $\pm 20\,\%$-Fehlermarke zu einer Kurve korrelieren.

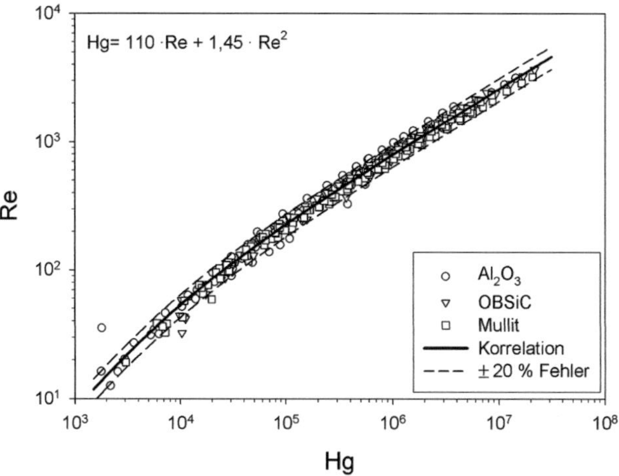

Abb. 4.4: Korrelation der experimentellen Druckverlustdaten in dimensionsloser Form für Schwämme aus Al_2O_3, Mullit und OBSiC (10…45 ppi, $75 < \psi < 85\,\%$)

Auf Grund des in Abb. 4.4 dargestellten Zusammenhangs ist es möglich, auf Basis von Gleichung 4.3 eine Korrelation für alle untersuchten Schwammtypen (ähnlich der Ergun-Gleichung für Kugelschüttungen, vgl. Gleichung 4.5) abzuleiten. Ziel hierbei ist es, im Gegensatz zu den in der Literatur existierenden Modellen (vgl. Tab. 4.1), eine Korrelation aufzustellen, welche in der Endform nicht den experimentell nur sehr schwer bestimmbaren Zelldurchmesser enthält. Über einen Koeffizientenvergleich der Gleichungen 4.3 und 4.7 wurden die beiden Konstanten A und B nach folgendem Zusammenhang berechnet:

$$A = \frac{\psi \cdot d_h^2}{K_1} \quad \text{und} \quad B = \frac{\psi^2 \cdot d_h}{K_2} \tag{4.9}$$

Dabei ergaben sich die beiden Permeabilitätskoeffizienten aus der Fit-funktion der experimentellen Daten, der hydraulische Durchmesser wurde mit Hilfe von Gleichung 4.4 und den berechneten Werten für die spezifische Oberfläche in Tab. 3.3 bestimmt. Für den Wert der Porosität wurde die Gesamtporosität verwendet. Die ermittelten Werte für A und B sind im Anhang (Kap. 9.4.2) tabelliert. Um schließlich „universelle", für alle untersuchten Schwammtypen geltende Werte für die Konstanten A und B zu erhalten, wurde der über alle Messdaten gebildete RMSD-Wert (root mean square deviation) minimiert. Der RMSD-Wert wurde mit Hilfe der Hagen-Zahlen wie folgt berechnet:

$$RMSD = 10^{RMS(ELOG)} - 1 \quad \text{mit} \quad ELOG = lgHg_{ber} - lgHg_{exp} \qquad \textbf{(4.10)}$$

Die auf diese Weise ermittelten Konstanten in Gleichung 4.3 ergaben sich zu $A = 110$ und $B = 1{,}45$ mit einem RMSD-Wert von 18,2 %. Das Ergebnis der Korrelation ist ebenfalls in Abb. 4.4 dargestellt (schwarze Linie). Es zeigt sich, dass die Korrelation die experimentellen Werte über den gesamten Reynolds-Zahlen-Bereich sehr gut wieder gibt.

4.4.3   Vergleich mit Kugelschüttungen

In vielen technischen Reaktoren werden Kugelschüttungen beispielsweise als Katalysatorträger verwendet. Zur Bewertung der experimentellen Druckverlust-daten der Schwämme wird ein Vergleich mit Kugelschüttungen gleichen Materials angestrebt. Dazu wurden die Konstanten A und B in Gleichung 4.3 für Kugelschüttungen anhand der Originalveröffentlichung von Ergun (1952) bestimmt. Sie ergaben sich zu $A = 66{,}7$ und $B = 1{,}17$. Aus diesen Werten ist ersichtlich, dass Kugelschüttungen mit gleicher Porosität und gleichem hydraulischen Durchmesser einen leicht niedrigeren Druckverlust aufweisen. Allerdings sind Kugelschüttungen mit Porositäten über 75 % technisch nicht relevant. Typischerweise besitzen Kugelschüttungen in Reaktoren bzw. technischen Apparaten eine Porosität von ~ 40 %. Dieser Vergleich zeigt, dass Schwämme gegenüber Kugelschüttungen mit gleichem hydraulischen Durchmesser einen deutlich geringeren Druckverlust aufweisen. Die Ergebnisse sind exemplarisch für Al_2O_3-Schwämme mit 20 ppi und einer Porosität von 80 % in Abb. 4.5 graphisch dargestellt.

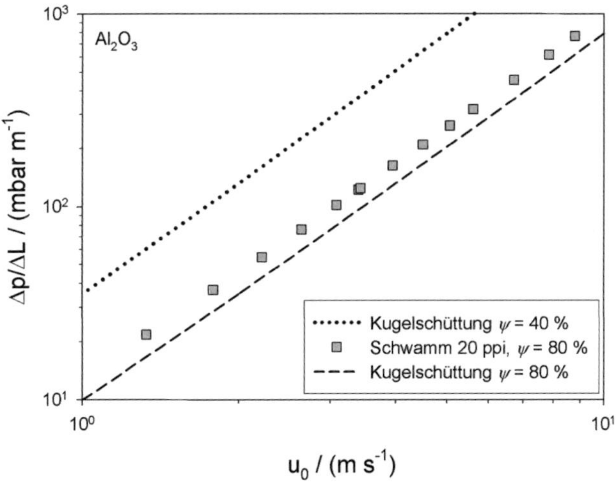

**Abb. 4.5: Vergleich der Druckverluste eines 20 ppi-Al$_2$O$_3$-Schwammes (ψ = 80 %,
berechnet mit Hilfe der in Kap. 4.4.2 abgeleiteten Korrelation) mit Kugelschüttungen
gleichen hydraulischen Durchmessers und einer Porosität von 40 % bzw. 80 %**

4.4.4 Bestimmung des hydraulischen Durchmessers aus Druck-verlustexperimenten

In Kap. 4.4.2 wurde folgende Korrelation für die Druckverlustdaten aller
untersuchten Schwammtypen unabhängig von Material und Geometriedaten
hergeleitet:

$$\frac{\Delta p}{\Delta L} = 110 \cdot \frac{\eta_f}{\psi \cdot d_h^2} \cdot u_0 + 1{,}45 \cdot \frac{\rho_f}{\psi^2 \cdot d_h} \cdot u_0^2 \tag{4.11}$$

Diese Korrelation ermöglicht in Zukunft die Berechnung des
hydraulischen Durchmessers anhand von einfach realisierbaren Druckverlustmessungen ohne Kenntnis der spezifischen Oberfläche, welche oftmals nur
schwer oder mit hohem Kostenaufwand (z. B. durch Kernspintomographie)
ermittelbar ist. In Abb. 4.6 ist der Vergleich der auf diese Weise bestimmten
hydraulischen Durchmesser ($d_{h,\Delta p}$) mit denen nach Gleichung 4.4 über die
spezifische Oberfläche berechneten hydraulischen Durchmesser ($d_{h,Sv}$) für
Schwämme aus Al$_2$O$_3$, Mullit und OBSiC mit einer Porosität von 80 % gezeigt.

Es zeigt sich, dass die Werte sehr gut miteinander übereinstimmen und diese Vorgehensweise deshalb in Zukunft als praktikabel gilt. Die Ergebnisse für Schwämme mit den Porositäten von 75 % und 85 % sind ähnlich und im Anhang in Kap. 9.4 aufgelistet. Der RMSD-Wert bei der Anpassung der Korrelation in Abb. 4.4 bei der Verwendung des aus Druckverlustdaten bestimmten hydraulischen Durchmessers reduziert sich dadurch leicht von 18,2 % auf 15,8 %.

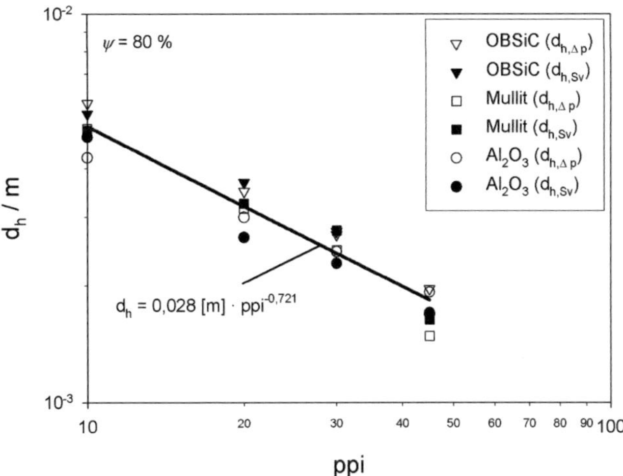

Abb. 4.6: Vergleich der berechneten hydraulischen Durchmesser aus Daten für die spezifische Oberfläche ($d_{h,Sv}$, ausgefüllte Symbole) bzw. für den Druckverlust ($d_{h,\Delta p}$, offene Symbole) und Korrelation des hydraulischen Durchmessers mit der ppi-Zahl

Weiterhin ist in Abb. 4.6 eine Korrelation zur Berechnung des hydraulischen Durchmessers aus der ppi-Zahl gezeigt. Es sei aber zunächst darauf hingewiesen, dass diese Korrelation auf Grund der Ungenauigkeit in der Angabe der ppi-Zahl lediglich eine grobe Abschätzung für erste Berechnungsversuche liefern kann. Dennoch ist sie für den Anwender praktisch, da auf diese Weise schnell und ohne Experimente der hydraulische Durchmesser abschätzbar und damit Korrelationen zur Auslegung von technischen Bauteilen benutzbar sind. Die ppi-Zahl gilt üblicherweise als Herstellerangabe und ist somit eine Produkt-Kenngröße. Mit Hilfe der Daten in Abb. 4.6 ergibt sich die in Gleichung 4.12 dargestellte Korrelation.

$$d_h = 0,028[m] \cdot ppi^{-0,721}$$

(4.12)

Gleichung 4.12 wurde für verschiedene Schwämme mit einer Porosität von 80 % abgeleitet. Da für die in dieser Arbeit durchgeführten Versuche für die Porositäten von 75 % und 85 % lediglich 20 ppi-Schwämme zur Verfügung standen, konnte für Gleichung 4.12 keine Porositätsabhängigkeit formuliert werden.

Zur Überprüfung der Genauigkeit dieser Korrelation wurde das in Abb. 4.7 dargestellte Fehlerdiagramm erstellt. In diesem Diagramm ist die Hagen-Zahl, welche mit dem hydraulischen Durchmesser aus der ppi-Zahl (Gleichung 4.12) gebildet ist, der Hagen-Zahl gegenüber gestellt, welche mit dem hydraulischen Durchmesser aus der spezifischen Oberfläche (Gleichung 4.4) berechnet ist. Es ergibt sich eine Streuung der Daten von $\pm\,40\,\%$ um die Mittelwertkurve und zeigt damit, dass die Berechnungsvorschrift des hydraulischen Durchmessers in Gleichung 4.12 als erste Näherung gut verwendet werden kann.

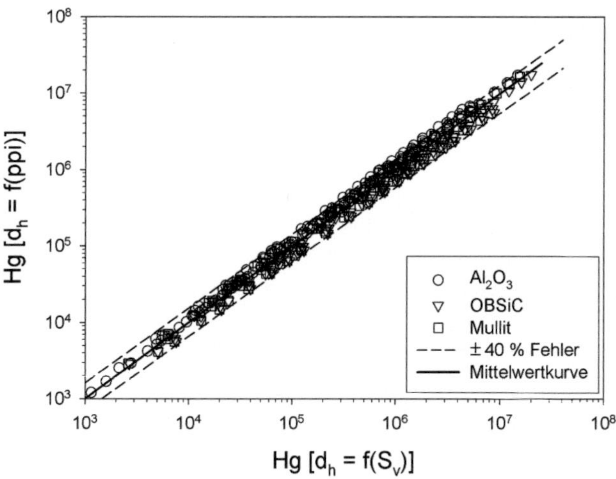

Abb. 4.7: Fehlerdiagramm zur Überprüfung der Genauigkeit der Berechnung des hydraulischen Durchmessers aus der ppi-Zahl

5 Wärmeübergang

Die maßgebliche charakteristische Größe zur quantitativen Beschreibung der Wärmeübertragung zwischen zwei relativ zueinander in Bewegung befindlichen Phasen ist der Wärmeübergangskoeffizient. Er ist nach dem linearen Ansatz für die Kinetik der Wärmeübertragung definiert und ist ein Maß für die Intensität des Wärmestroms vom „heißen" Medium an die „kältere" Kontaktfläche (Goedecke, 2006). Der in dieser Arbeit experimentell bestimmte Wärmeübergangskoeffizient zwischen der fluiden und der festen Phase ist eine integrale Größe.

5.1 Stand des Wissens

In der Literatur existieren zahlreiche Arbeiten zur Untersuchung des Wärmeübergangs in Schwämmen. Tab. 5.1 enthält die aus einer Literaturrecherche entnommenen Korrelationen zur Beschreibung des Wärmeübergangs in metallischen und keramischen Schwämmen.

Bereits vor mehr als 10 Jahren führten Younis und Viskanta (1993) Untersuchungen an Al_2O_3-Schwämmen mit 10 - 45 ppi und Porositäten um 85 % durch. Das Prinzip der experimentellen Messmethode basierte auf der Erfassung des Aufheizvorganges des Feststoffs durch plötzliches Einbringen des Testkörpers in eine heiße Gasströmung. Die Autoren korrelierten ihre Daten mit einem Nusselt-Ansatz der Form $Nu = C \cdot Re^m$, wobei die beiden Parameter C und m an die Messdaten angepasst wurden. Mit steigender ppi-Zahl ergab sich eine fallende Tendenz im Reynolds-Exponenten m sowie eine grundsätzlich steigende Tendenz in der Konstanten C. In einer allgemeingültigen Korrelation wurden daher die beiden Anpassungsparameter als Funktion der auf die Schwammdicke bezogenen Zellgröße ausgedrückt. Die Experimente wurden jedoch nur für geringe Reynolds-Zahlen ($Re < 564$) durchgeführt. Somit ist eine Übertragbarkeit der Korrelation auf einen größeren Reynolds-Zahlen-Bereich fragwürdig und nicht aussagekräftig.

Schlegel et al. (1993) führten Untersuchungen an Cordierit-Schwämmen mit 10 - 50 ppi und Porositäten um 85 % durch. Der Wärmeübergangskoeffizient wurde hier durch Experimente bestimmt, indem die Abkühlkurven von Fluid und Feststoff von einer Anfangstemperatur von 300 °C auf Raumtemperatur bei verschiedenen Leerrohrgeschwindigkeiten ermittelt wurden. Die Wärmeübergangsdaten wurden ebenfalls für jeden Schwammtyp mit Hilfe eines Nusselt-Ansatzes ($Nu = C \cdot Re^m \cdot Pr^{1/3}$) korreliert. Die Potenz der Reynolds-Zahl m war dabei für die 10, 20 und 30 ppi-Schwämme näherungsweise gleich, für den 50 ppi Schwamm wurde ein deutlich niedrigerer Wert ermittelt. Für die

Konstante C konnte kein einheitlicher Verlauf in Abhängigkeit der ppi-Zahl festgestellt werden. Die Untersuchungen zu den 10 ppi-Schwämmen wurden für Reynolds-Zahlen bis 2840 realisiert. Da die Ergebnisse nur für Schwämme mit ca. 85 % Porosität erzielt wurden, ist die Übertragbarkeit auf andere Porositäten zu überprüfen, da die Porosität einen entscheidenden Einfluss auf Druckverlust (vgl. Kap. 4.4.1) und Wärmeleitung (vgl. Kap. 6.1.4) ausübt. Auch ist in dieser Arbeit keine Möglichkeit zur Extrapolation auf andere Schwammtypen gegeben.

Calmidi und Mahajan (2000) führten ihre Untersuchungen an Aluminium-Schwämmen mit 5 - 40 ppi und Porositäten zwischen 90 und 97 % durch. Die Schwämme wurden mit kalter Luft durchströmt und dabei von außen beheizt. Die Korrelation der Daten erfolgte über den Nusselt-Ansatz $Nu = C \cdot Re^{0,5} \cdot Pr^{0,37}$, wobei die Konstante C angepasst und für alle untersuchten Schwämme zu 0,52 ermittelt wurde. Die Anpassung wurde in einer numerischen Simulation durch Lösen der Energiebilanzen für Feststoff und Fluid durchgeführt. Ähnlich wie beim Wärmeübergang wurde dabei auch für die in den Energiebilanzen berücksichtigte Wärmeleitung eine Abhängigkeit der „effektiven" Wärmeleitfähigkeit von der Leerrohrgeschwindigkeit postuliert, wobei auch hier ein Parameter angepasst wurde. Dementsprechend wurden die Konstanten für den Wärmeübergang und für die Wärmeleitung so lange variiert, bis die Nusselt-Zahlen aus der Simulation mit den experimentell ermittelten Nusselt-Zahlen best möglichst übereinstimmten. Die experimentellen Nusselt-Zahlen wurden über die Wandtemperatur, die Ein- und Austrittstemperatur des Fluids sowie den Wärmestrom der Heizung ermittelt. Diese experimentelle Vorgehensweise dürfte jedoch auf Grund der groben Mittelung der Temperaturen sowie der Annahme einer verlustfreien Heizung stark fehlerbehaftet sein. In der Auswertung ist die gleichzeitige Anpassung zweier Konstanten als kritisch anzusehen. Diese Vorgehensweise weist einen hohen Freiheitsgrad auf, da zur Lösung des Differentialgleichungssystems meist mehrere Kombinationen dieser beiden Parameter möglich sein könnten. Weiterhin wurde die Anpassung der Konstanten nur für niedrige Leerrohr-geschwindigkeiten ($Re < 130$) durchgeführt, weshalb eine Extrapolation zu höheren Reynolds-Zahlen zu überprüfen ist.

Decker et al. (2002) untersuchte CB-SiC, SSiC- und Cordierit-Schwämme mit 10 - 45 ppi und 76 bzw. 81 % Porosität. Durch eine im Strömungskanal integrierte Heizung wurde der Fluidströmung ein sinusförmiger Temperatur-verlauf aufgeprägt. Mit Hilfe von Thermoelementen wurde die Signalantwort der Schwingung des Temperaturverlaufs (Phase und Amplitude) am Schwamm-austritt ermittelt. Eine numerische Anpassung des berechneten Temperatur-verlaufs an den experimentell ermittelten Temperaturverlauf des Fluids am

Schwammaustritt ermöglichte die Bestimmung des Wärmeübergangskoeffizienten. Die experimentellen Daten wurden mit $Nu = C \cdot Re^m$ korreliert. Dabei wurde C als Funktion der ppi-Zahl ermittelt und der Reynolds-Exponent m zu 0,62 bestimmt. Nachteil dieser Korrelation ist, dass die nur sehr ungenau bestimmbare ppi-Zahl direkt und stark gewichtet in die Berechnung der Nusselt-Zahl und damit des Wärmeübergangskoeffizienten einfließt. Auch die Extrapolation der Korrelation zu hohen Leerrohrgeschwindigkeit ist fraglich, da lediglich Versuche bis zu einer Reynolds-Zahl von 160 realisiert wurden.

Richardson et al. (2003) verwendeten 30 ppi-Al_2O_3-Schwämme mit einer Porosität von 82 %. Die Schwämme wurden mit heißer Luft bis zu 850 °C durchströmt, wobei die Wand durch die Umgebung gekühlt wurde. Das dadurch auftretende Temperaturprofil in der Wand wurde gemessen und in der numerischen Auswertung berücksichtigt. Allerdings wurden hier relativ kompakte Probenkörper mit Abmaßen von 1,27 cm im Durchmesser und 2,54 cm in der Länge verwendet, bei welchen Randeffekte nicht mehr vernachlässigbar sein dürften. Die Daten wurden mit Hilfe des Nusselt-Ansatzes $Nu = a \cdot \psi \cdot T^3 + b \cdot Re$ korreliert. Allerdings wurde experimentell nur ein Schwammtyp untersucht sowie lediglich Reynolds-Zahlen bis 20 realisiert, weshalb eine Übertragbarkeit der Korrelation auf andere Schwammtypen und höhere Reynolds-Zahlen zu prüfen gilt.

Giani et al. (2005) untersuchten Metallschwämme aus einer FeCr-Legierung sowie aus Kupfer mit 10 und 20 ppi und Porositäten zwischen 91 und 94 %. Als Messmethode wurde dieselbe wie bei Schlegel et al. (1993) verwendet. Auch hier wurden die Messdaten mit dem allgemeinen Nusselt-Ansatz $Nu = C \cdot Re^m \cdot Pr^{1/3}$ korreliert. Aufgrund der Verwendung metallischer Schwämme mit engem Probenspektrum (ppi-Zahl und Porosität) sowie eines eingeschränkten Geschwindigkeitsbereiches ($Re < 240$) ist auch diese Korrelation nicht besonders aussagekräftig.

Kurtbas und Celik (2009) untersuchten Schwämme aus Aluminium mit 10 - 30 ppi und einer Porosität von 93 %. Im Experiment wurden die Schwämme mit kalter Luft durchströmt, während sie von außen rundum beheizt wurden. Experimentelle Ergebnisse wurden für Reynoldszahlen zwischen 600 und 33000 (charakteristische Länge: Kanalhöhe) erzielt. Die Nusselt-Zahlen zeigen eine Abhängigkeit von der Reynolds-Zahl, welche mit einem Potenzansatz ausgedrückt werden kann. Allerdings geben die Autoren keinerlei Korrelationen oder Anpassungsfunktionen an. Es werden weiterhin einige Korrelationen (hauptsächlich für Al-Schwämme) aus der Literatur zitiert, allerdings ohne diese hinsichtlich der Übereinstimmung mit den präsentierten Messdaten zu diskutieren. Bei genauerer Betrachtung stellte sich jedoch heraus, dass nahezu alle dort aufgeführten Korrelationen anhand eines Schwammtyps sowie für Reynolds-Zahlen (soweit angegeben) bis maximal 450 abgeleitet wurden. Daher ist eine Übertragbarkeit auf die hier untersuchten keramischen Schwämme und realisierten Reynolds-Zahlen bis etwa 1500 fraglich.

Zusammenfassend lässt sich sagen, dass eine Vielzahl an Messwerten und Korrelationen für die Berechnung der Nusselt-Zahl von durchströmten Schwämmen in der Literatur existieren. Dennoch wurde der Großteil der aufgeführten Korrelationen anhand von Messdaten an einzelnen Schwammtypen und/ oder für sehr niedrige Strömungsgeschwindigkeiten erzielt. Aus diesem Grund mangelt es also immer noch an gesicherten und zuverlässigen Daten sowie Korrelationen, welche für einen breiten Betriebsbereich als auch unterschiedliche Schwämme angewandt werden können. Dass die bisher in der Vergangenheit erzielten Ergebnisse bislang unzureichend sind, unterstreicht die bis heute große Aktivität an Forschungsarbeiten weltweit. Dies zeigt beispielsweise die erst kürzlich erschienene Publikation von Kurtbas und Celik (2009) auf. Ziel muss es also sein, anhand einer breiten Datenbasis (erzielt aus Experimenten an vielen verschiedenen Schwammtypen) Abhängigkeiten zwischen den Schwammtypen abzuleiten sowie die experimentellen Daten dahingehend zu korrelieren, dass mit Hilfe einer „allgemeingültigen" Korrelation eine vergleichsweise sichere Vorausberechnung des Wärmeübergangs möglich ist.

Weiterhin ist in der Literatur bisher keine Arbeit zu finden, welche die Vorausberechnung des Wärmeübergangs (Nusselt-Zahl) anhand von Druckverlustdaten (Hagen-Zahl) thematisiert. Dieser Ansatz ist für Schüttungen und Wärmeübertrager in der Literatur unter dem Schlagwort der „Verallgemeinerten Lévêque Gleichung" bereits sehr gut bekannt (Martin, 1996, 2002). Vorteil dieses Ansatzes ist die Möglichkeit der direkten Berechnung der Nusselt-Zahl über die Hagen-Zahl, welche aus vergleichsweise einfach zu realisierenden Druckverlustexperimenten bestimmt werden kann. Um derartige Korrelationen vernünftig aufstellen zu können, war es erforderlich, an denselben Proben, für welche die in Kap. 4 beschriebenen Ergebnisse zum Druckverlust erzielt wurden, Wärmeübergangsmessungen durchzuführen.

Tab. 5.1: in der Literatur existierende Korrelationen und experimentelle Untersuchungen für den Wärmeübergang in Schwämmen

Ref.	Wärmeübergangskorrelation	Schwammtyp
[1]	$Nu = 0{,}819 \cdot \left[1 - 7{,}33 \cdot \dfrac{d}{L}\right] \cdot Re^{\,0{,}36 \cdot \left[1-15{,}5\cdot\frac{d}{L}\right]}$ $5{,}1 < Re < 564$ und $0{,}005 < \dfrac{d}{L} < 0{,}136$	92 % - Al_2O_3 (10/ 20/ 30/ 45 ppi), Cordierit (20 ppi) $83\% < \psi < 87\%$
[2]	$Nu = C \cdot Re^m \cdot Pr^{1/3}$ C und m müssen für jeden Schwamm ermittelt werden $30 < Re < 2840$	Cordierit (10/ 20/ 30/ 45 ppi) $85\% < \psi < 87\%$
[3]	$Nu = 0{,}52 \cdot Re^{0{,}5} \cdot Pr^{0{,}37}$ $10 < Re < 130$	Aluminium 5/ 10/ 20/ 40 ppi $90\% < \psi < 97\%$
[4]	$Nu = 4{,}8 \cdot ppi^{-1{,}1} \cdot Re^{0{,}62}$ $5 < Re < 160$	Cordierit, CB-SiC, SSiC 10/ 20/ 30/ 45 ppi, $\psi = 76\%$, 81 %
[5]	$Nu = 2{,}49 \cdot 10^{-8} \cdot \psi \cdot T^3 + 12{,}6 \cdot Re$ $2 < Re < 20$	$SiC\text{-}Al_2O_3$ 8/ 20/ 44 ppi $76\% < \psi < 94\%$
[6]	$Nu = 1{,}2 \cdot Re^{0{,}43} \cdot Pr^{1/3}$ $20 < Re < 240$	FeCr-Legierung, Kupfer 10/ 20 ppi $91\% < \psi < 94\%$

[1] Younis und Viskanta, 1993; [2] Schlegel et al., 1993;
[3] Calmidi und Mahajan, 2000; [4] Decker et al., 2002;
[5] Richardson et al., 2003; [6] Giani et al., 2005

5.2 Theoretische Grundlagen

Zur Bestimmung des Wärmeübergangskoeffizienten zwischen dem Fluid und dem Feststoffgerüst des Schwammes wurde ein heterogenes Modell zu Grunde gelegt. Hierbei werden die fluide und die feste Phase getrennt voneinander bilanziert. Die beiden resultierenden Differentialgleichungen (DGL) sind über die Temperaturen des Fluids und des Feststoffs sowie den Wärmeübergangskoeffizienten mit einander gekoppelt (vgl. Gleichungen 5.1 und 5.2). Ausgehend von einer differentiellen Bilanz um ein Volumenelement (vgl. Anhang Kap. 9.5.1) ergibt sich für die fluide Phase:

$$\frac{\partial T_f(z,r,t)}{\partial t} = \frac{\lambda_f}{\rho_f \cdot c_{p,f}} \cdot \left(\frac{\partial^2 T_f(z,r,t)}{\partial r^2} + \frac{1}{r} \cdot \frac{\partial T_f(z,r,t)}{\partial r} \right) +$$

$$+ \frac{\lambda_f}{\rho_f \cdot c_{p,f}} \cdot \frac{\partial^2 T_f(z,r,t)}{\partial z^2} - u_0 \cdot \frac{\partial T_f(z,r,t)}{\partial z} - \tag{5.1}$$

$$- \frac{\alpha \cdot S_v \cdot (T_f(z,r,t) - T_s(z,r,t))}{\rho_f \cdot c_{p,f} \cdot \psi}$$

und die feste Phase:

$$\frac{\partial T_s(z,r,t)}{\partial t} = \frac{\lambda_s}{\rho_s \cdot c_{p,s}} \cdot \left(\frac{\partial^2 T_s(z,r,t)}{\partial r^2} + \frac{1}{r} \cdot \frac{\partial T_s(z,r,t)}{\partial r} \right) +$$

$$+ \frac{\lambda_s}{\rho_s \cdot c_{p,s}} \cdot \frac{\partial^2 T_s(z,r,t)}{\partial z^2} + \tag{5.2}$$

$$+ \frac{\alpha \cdot S_v \cdot (T_f(z,r,t) - T_s(z,r,t))}{\rho_s \cdot c_{p,s} \cdot (1 - \psi)}$$

In den Gleichungen 5.1 und 5.2 sind jeweils die Stoffeigenschaften und Geometriefaktoren bekannt, so dass mit Hilfe eines instationären Experimentes durch Anpassung des berechneten an das gemessene Temperaturfeld der Wärmeübergangskoeffizient bestimmt werden kann. Damit ist die einzige im Experiment zu ermittelnde Messgröße das Temperaturfeld in axialer und radialer Richtung als Funktion der Strömungsgeschwindigkeit (und des Drucks). Zur Lösung des aus der Kopplung von Gleichung 5.1 und 5.2 resultierenden DGL-Systems werden folgende Annahmen getroffen:

- adiabate Wand (Prüfung siehe Kap. 5.4.3)

$$\rightarrow \frac{\partial T_f}{\partial r} = \frac{\partial T_s}{\partial r} \approx 0$$

- axiale Wärmeleitung im Fluid sei vernachlässigbar (gültig für $Pe = Re \cdot Pr \gg 1$)

  Die Begründung dieser Aussage folgt aus der Entdimensionierung von Gleichung 5.1 (Herleitung vgl. Anhang Kap. 9.5.2) mit Hilfe folgender Maßstäbe (unter Annahme der adiabaten Wand):

$$z^* = \frac{z}{d_h} \cdot \frac{1}{Pe} \quad \text{und} \quad t^* = \frac{t}{\tau} \quad (\tau = \text{Verweilzeit})$$

  Der entdimensionierte axiale Wärmeleitungsterm der DGL lautet dann:

$$\frac{1}{Pe^2} \cdot \frac{\partial^2 T_f(z,t)}{\partial z^{*2}}$$

Für $Pe \gg 1$ wird dieser Term klein gegenüber den übrigen in der DGL und kann vernachlässigt werden. Die Péclet-Zahl, welche in den hier durchgeführten Experimenten realisiert wurde, ergab sich zu $Pe > 45$. Demnach ist die Annahme gerechtfertigt.

$$\rightarrow \frac{\lambda_f}{\rho_f \cdot c_{p,f}} \cdot \frac{\partial^2 T_f(z,r,t)}{\partial z^2} \approx 0$$

- Wärmeleitwiderstand im Feststoff sei gegenüber dem Wärmeübergangs- widerstand vernachlässigbar (homogene Temperaturverteilung im Steg) Diese Annahme ist zutreffend für eine Biot-Zahl mit $Bi \ll 1$. Experimentell wurde $Bi < 0{,}037$ ermittelt und es gilt:

$$\rightarrow \frac{\lambda_s}{\rho_s \cdot c_{p,s}} \cdot \frac{\partial^2 T_s(z,r,t)}{\partial z^2} \approx 0$$

- Die Stoffwerte werden im betrachteten Temperaturintervall als konstant angenommen und für die Berechnung bei der Endtemperatur des Temperatursprungs ($T_f = T_s = 100\,°C$) bestimmt.

- Für einen Endwert des Temperatursprunges von 100 °C kann Wärme- übertragung durch Strahlung grundsätzlich nicht vernachlässigt werden. Deshalb ist der hier bestimmte Absolutwert für den Wärmeübergangs- koeffizienten als Summe aus Konvektions- und Strahlungsterm zu verstehen.

Mit Hilfe dieser Annahmen ergibt sich aus den Gleichungen 5.1 und 5.2 folgendes vereinfachtes DGL-System:

$$\text{Fluid:} \quad \frac{\partial T_f(z,t)}{\partial t} = -u_0 \cdot \frac{\partial T_f(z,t)}{\partial z} - \frac{\alpha \cdot S_v \cdot \left(T_f(z,t) - T_s(z,t)\right)}{\rho_f \cdot c_{p,f} \cdot \psi} \tag{5.3}$$

$$\text{Solid:} \quad \frac{\partial T_s(z,t)}{\partial t} = \frac{\alpha \cdot S_v \cdot \left(T_f(z,t) - T_s(z,t)\right)}{\rho_s \cdot c_{p,s} \cdot (1 - \psi)} \tag{5.4}$$

Als Randbedingung zur Berechnung des DGL-Systems dienen die gemessenen zeitlichen Temperaturverläufe von Fluid und Feststoff an der Ein- trittsstelle des Fluids in den Schwamm (Randbedingung 1. Art):

- $z = 0 : T_f = f(t)$
- $z = 0 : T_s = f(t)$

Die Anfangsbedingung lautet für den hier vorliegenden Fall:

- $t = 0 : T_f = T_s = 25\,°C \quad (0 \leq z \leq L)$

Zur experimentellen Bestimmung der Wärmeübergangskoeffizienten wurde daher ein instationäres Experiment gewählt. Zum Erreichen eines stationären Ausgangszustandes wird der Schwamm zunächst mit kalter Luft durchströmt. Sobald stationäre und ausgeglichene Temperaturprofile vorliegen, wird die Eintrittstemperatur des Fluids in den Schwamm sprungartig geändert, wobei am Ein- und Austritt des Schwammes die Temperaturen des Fluids sowie des Feststoffs als Funktion der Zeit gemessen werden.

5.3   Experimentelle Vorgehensweise

5.3.1   Versuchsapparatur

Für die Versuche zur Bestimmung des Wärmeübergangskoeffizienten wurde der in Kap. 4 bereits beschriebene Strömungskanal (vgl. Abb. 4.2) verwendet. Um Bypassströmungen an den Probekörpern zu vermeiden, wurden diese mit Karbonfolie (KU-CB 1220, Kunze) umwickelt, so dass der Schwamm passgenau in den Kanal eingebaut werden konnte. Weiterhin wurden zur Ermittlung des Temperaturfeldes im Schwamm in axialer wie auch in radialer Richtung bis zu 15 kalibrierte Thermoelemente (Typ K, 0,5 mm Durchmesser, Electronic Sensor) installiert. Ausgelesen wurden die Thermoelemente über eine PCI-Karte und einer Steckplatine mit integrierter elektronischer Vergleichsstelle (PCI-DAS-TC, Measurement Computing).

5.3.2   Versuchsdurchführung

Die Bestimmung des Wärmeübergangs erfolgte mit Hilfe einer instationären Messmethode. Es wurden Temperatursprünge von Raumtemperatur (ca. 25 °C) auf 100 °C realisiert. Dazu wurde zunächst der Kanal und das strömende Fluid auf 100 °C aufgeheizt, wohingegen die Messstrecke über einen Druckluftanschluss auf Umgebungstemperatur gehalten wurde. Die getrennte Temperaturführung wurde durch die Position B des Schiebers (vgl. Abb. 4.2) ermöglicht. Nach Erreichen stationärer Bedingungen in beiden Teilabschnitten des Strömungskanals wurde der Schieber auf Position A gestellt und das Temperaturfeld während des Aufheizvorgangs mit Hilfe der Thermoelemente im Schwamm aufgenommen. Die Temperaturen des Fluids und des Feststoffs wurden getrennt voneinander auf der Mittelachse des Schwammes sowie an der radialen Position von 10 mm (ausgehend von der Mittelachse) gemessen. Die Thermoelemente zur Bestimmung der Fluidtemperatur wurden 5 mm vor bzw. hinter der Schwammprobe installiert, wohingegen die Thermoelemente zur

Bestimmung der Feststofftemperatur mit Hilfe von Wärmeleitpaste und einem anorganischem Kleber (Cerastil C-3, Panacol-Elosol GmbH) direkt auf den Feststoff geklebt wurden. Dadurch, dass das Thermoelement fluidseitig mit dem Kleber vollkommen umschlossen war, konnte eine Beeinflussung des Feststoff-Temperaturmesswertes durch das Fluid vermieden werden.

5.4 Experimentelle Ergebnisse

5.4.1 Vorgehensweise zur Auswertung der Versuchsergebnisse

Zur Anpassung des Wärmeübergangskoeffizienten in den Gleichungen 5.3 und 5.4 wurden für verschiedene Leerrohrgeschwindigkeiten zeitlich abhängige Temperaturprofile für den Feststoff und das Fluid am Ein- und Austritt des Schwammes infolge der sprunghaften Temperaturänderung des Fluids experimentell ermittelt. Die Auswertung der Experimente bzw. die Berechnung des Wärmeübergangskoeffizienten erfolgte numerisch im Softwarepaket Matlab mit Hilfe der NAG (Numerical Algorithm Group)- Toolbox. Dieses Software-paket beinhaltet eine Vielzahl von Solvern (= Lösern) zur Lösung von Differentialgleichungen bzw. DGL-Systemen. Für die Lösung des bereits beschriebenen DGL-Systems (Gleichungen 5.3 und 5.4) wurde der Solver d03pe verwendet. Der Solver löst lineare wie auch nicht-lineare DGL-Systeme mit partiellen Ableitungen erster Ordnung in Zeit und einer Raumrichtung. Die Berechnung erfolgt hierbei nach einer „backward differention formula" (BDF) (NAG, NP3663/22). In einer Auswerteroutine in Matlab wurde die Parametrisierung des Solvers sowie die Berechnung und Anpassung der Temperaturprofile realisiert.

Zunächst wurden die experimentell ermittelten diskreten Temperatur-messwerte mit Hilfe der „Smoothing Spline Funktion", welche standardmäßig in Matlab integriert ist, in kontinuierliche Kurven überführt, so dass zu jedem Zeitpunkt am Ein- und Austritt des Schwammes die Temperatur angegeben werden konnte. Die Temperaturkurven von Feststoff und Fluid am Eintritt des Schwammes wurden dem Solver als Randbedingung übergeben (vgl. Kap. 5.2). Die Berechnung des Wärmeübergangskoeffizienten erfolgte dann durch Anpassung des zeitlichen Verlaufs der Fluidtemperatur am Austritt des Schwamms. Die Temperatur des Feststoffs wurde in dieser Arbeit nur zur Kontrolle verwendet. Eine gleichzeitige Anpassung an Fluid- und Feststoff-temperatur wurde deshalb nicht gewählt, da die Messung der Feststoff-temperatur eine größere Messunsicherheit als die des Fluids besitzt. Die Bestimmung der Fluidtemperatur hingegen ist vergleichsweise einfach und durch Mittelwertbildung aus drei Messstellen repräsentativ. Für die Diskretisierung wurden in axialer Richtung 51 Stützstellen (entspricht einer Auflösung von 1 mm) und eine zeitliche Auflösung von 1 s gewählt.

Als Kriterium zur Anpassung der berechneten Temperaturprofile am Austritt des Schwammes an die experimentell ermittelten Temperaturprofile wurde der Temperaturgradient im Temperaturintervall zwischen -25 K und $+20$ K um die Mitteltemperatur des Temperatursprungs für 31 Stützstellen gewählt (vgl. Abb. 5.1). Das Temperaturintervall und die Anzahl der Stützstellen wurden durch Ausprobieren anhand verschiedener Einstellungen getestet. Die Steigung der berechneten Kurve wurde so lange durch Variation des Wärmeübergangskoeffizienten verändert, bis die Differenz der Fehlerquadrate der beiden Temperaturkurven ein Minimum erreicht hatte. Hierfür wurde der Wärmeübergangskoeffizient mit einer Schrittweite von 1 W m^{-2} K^{-1} variiert. Eine Variation des Wärmeübergangskoeffizienten bewirkt dabei nur eine Änderung der Steigung der Temperaturkurve, nicht aber eine Veränderung der relativen Lage gegenüber der Temperaturkurve bei z = 0 (vgl. Abb. 5.1).

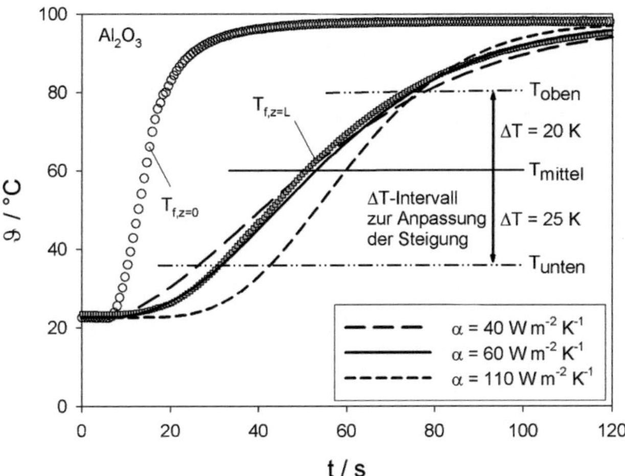

Abb. 5.1: graphische Darstellung der Änderung des Temperaturverlaufes über der Zeit bei Variation des Wärmeübergangskoeffizienten sowie Visualisierung des Intervalls zur Anpassung des Wärmeübergangskoeffizienten am Beispiel eines Al$_2$O$_3$-Schwammes (20 ppi, ψ = 85 %) bei einer Leerrohrgeschwindigkeit von 0,73 m s^{-1}

In Abb. 5.2 ist exemplarisch für einen Al$_2$O$_3$-Schwamm (20 ppi, ψ = 80 %) bei einer Leerrohgeschwindigkeit von 1,62 m s^{-1} ein Vergleich zwischen experimentell ermittelten (Symbole) und angepassten (Linien) Temperaturprofilen dargestellt. Die offenen Symbole sowie die gestrichelten Linien beschreiben den Temperaturverlauf am Eintritt in den Schwamm, wobei hier Rechnung und Experiment perfekt aufeinander liegen. Dies ist deshalb der Fall, da die Fitkurve durch die experimentellen Werte dem Solver als Randbedingung vorgegeben wurde. Die geschlossenen Symbole sowie die durchgezogenen Linien beschreiben den Temperaturverlauf am Austritt des Schwammes. Für das Fluid wurde eine sehr gute Übereinstimmung zwischen Experiment und Rechnung über den gesamten Temperaturbereich festgestellt, in der Feststofftemperatur ergeben sich gegen Ende des Sprungs leichte Abweichungen. Diese sind mit vergleichsweise kleinen radialen Verlust-wärmeströmen zu begründen. Weiterhin fällt auf, dass der Kurvenverlauf des Temperatursprungs am Ende des Schwammes flacher als am Anfang des Schwammes ist. Dies liegt an der Abkühlung des Fluides über die axiale Lauflänge durch den Schwamm. Wird die Strömungsgeschwindigkeit erhöht, so verläuft der Temperatursprung deutlich schneller und damit steiler (vgl. Abb. 5.3). Die hier beschriebenen Beobachtungen für den in Abb. 5.2 und Abb. 5.3 dargestellten Modellschwamm können analog für alle anderen untersuchten Schwammtypen für den gesamten Leerrohrgeschwindigkeitsbereich (0,5 m s^{-1} – 5 m s^{-1}) ebenso getroffen werden.

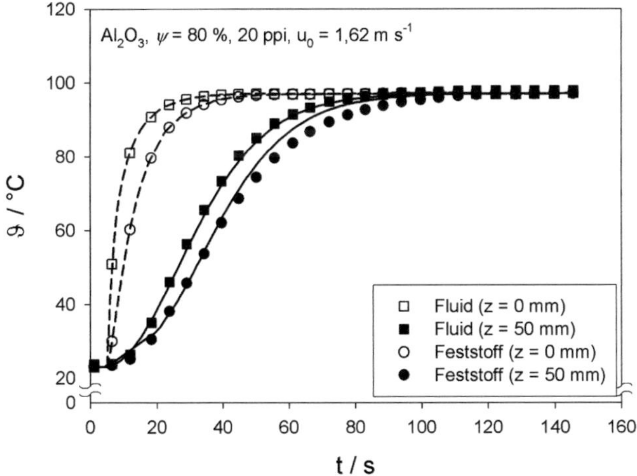

Abb. 5.2: Vergleich von experimentell ermitteltem (Symbol) und berechnetem (Linie) Temperaturprofil von Fluid und Feststoff infolge eines Temperatursprungs für einen Al₂O₃-Schwamm (20 ppi, ψ = 80 %) bei einer Leerrohrgeschwindigkeit von 1,62 m s^{-1}

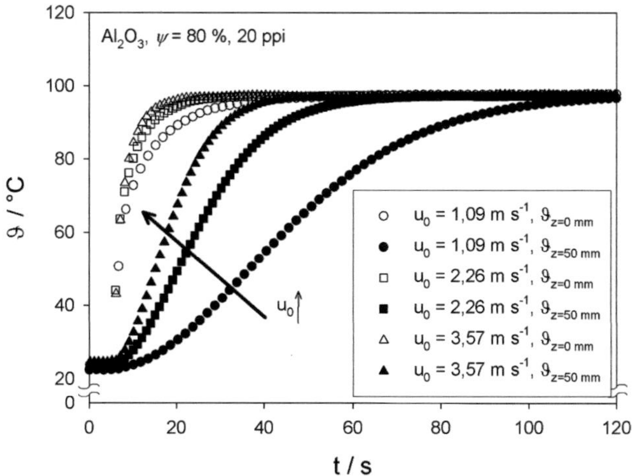

Abb. 5.3: Fluid-Aufheizkurven am Ein- und Austritt eines Schwammes beispielhaft für einen Al₂O₃-Schwamm (20 ppi, ψ = 80 %) als Funktion der Leerrohrgeschwindigkeit

5.4.2 Experimentell bestimmte Wärmeübergangskoeffizienten[4]

Die nach dem oben beschriebenen heterogenen Modell angepassten Wärmeübergangskoeffizienten liegen für die hier untersuchten keramischen Schwämme in der Größenordnung von 40 bis 550 W m^{-2} K^{-1} (Leerrohrgeschwindigkeitsbereich 0,5 m s^{-1} – 5 m s^{-1}). Exemplarisch sind in Abb. 5.4 die volumenspezifischen Wärmeübergangskoeffizienten für verschiedene Al₂O₃-Schwämme mit ψ = 80 % als Funktion der Leerrohrgeschwindigkeit dargestellt (für Absolutwerte siehe Anhang Kap. 9.5.2). Der volumenspezifische Wärmeübergangskoeffizient berechnet sich nach folgender Beziehung (S_v aus Tab. 3.3 in Kap. 3.2.1):

$$\alpha_v = \alpha \cdot S_v \quad [\alpha_v] = \mathrm{W\,m^{-3}\,K^{-1}} \tag{5.5}$$

Allgemein ist in Abb. 5.4 eine Zunahme des Wärmeübergangskoeffizienten mit steigender Leerrohrgeschwindigkeit zu erkennen. Der Kurvenverlauf ähnelt (im nichtlogarithmischen Plot) einer Potenzfunktion, wobei die Absolutwerte bei hohen Geschwindigkeiten in ein Plateau zu laufen scheinen.

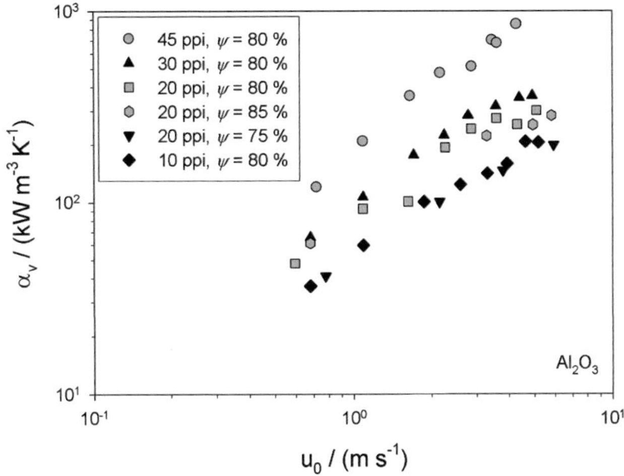

Abb. 5.4: experimentell ermittelte volumenspezifische Wärmeübergangskoeffizienten als Funktion der Leerrohrgeschwindigkeit für verschiedene Al₂O₃-Schwämme mit 10...45ppi und 75 % < ψ < 85 %

Werden die Ergebnisse für unterschiedliche ppi-Zahlen betrachtet, so ergibt sich ein deutlicher Trend: Schwämme mit großen Poren (kleine ppi-Zahl) besitzen einen niedrigeren volumenspezifischen Wärmeübergangskoeffizienten als Schwämme mit kleinen Poren (hohe ppi-Zahl). Dies liegt daran, dass mit steigender ppi-Zahl die spezifische Oberfläche und damit die Austauschfläche für den Wärmetransport ansteigen. Dementsprechend nimmt auch der volumenspezifische Wärmeübergangskoeffizient zu. Wird jedoch die spezifische Oberfläche aus dem volumenspezifischen Wärmeübergangskoeffizienten herausgerechnet, so fallen die Messwertkurven nahezu aufeinander (vgl. Abb. 5.5). Die Unterschiede bewegen sich in der Messunsicherheit des Experimentes bzw. der Auswertung. Vereinzelt kann es jedoch vorkommen, dass eine Probe diesem Trend nicht folgt. In Abb. 5.5 ist dies beispielsweise für den 45 ppi-Al₂O₃-Schwamm (ψ = 80 %) der Fall. Dies kann damit begründet werden, dass die Anzahl an verklebten Poren deutlich höher ist als bei den übrigen Proben gleichen Materials und damit eine veränderte Strömungscharakteristik im Schwamm vorherrscht, welche den Wärmeübergang intensiviert.

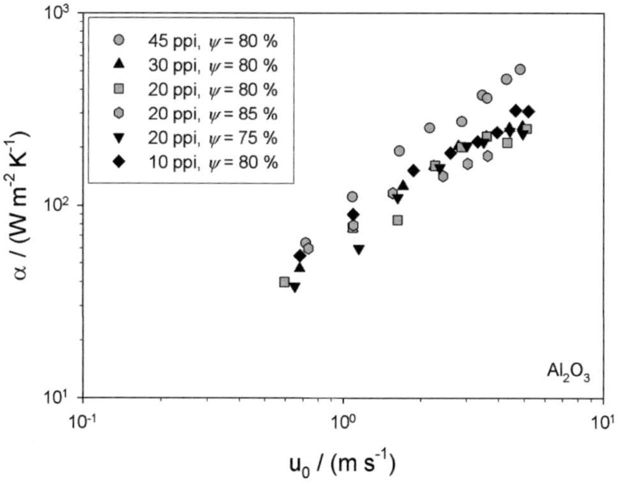

Abb. 5.5: experimentell ermittelte Wärmeübergangskoeffizienten als Funktion der Leerrohrgeschwindigkeit für verschiedene Al$_2$O$_3$-Schwämme mit 10…45ppi und 75 % < ψ < 85 %

Ein Vergleich von Schwämmen gleicher ppi-Zahl und unterschiedlicher Porosität zeigt für alle hier untersuchten Materialen keine Abhängigkeit des Wärmeübergangskoeffizienten von der Porosität. Die in Abb. 5.5 dargestellten Messwerte sind daher nahezu deckungsgleich mit denen für die übrigen untersuchten Schwämme. Weiterhin konnte auch keine eindeutige Material-abhängigkeit auf den Wärmeübergangskoeffizienten bei den verschiedenen Schwammtypen beobachtet werden. Die Wärmeübergangskoeffizienten der OBSiC-Schwämme liegen leicht oberhalb der Daten der Al$_2$O$_3$-Schwämme, wohingegen die Wärmeübergangskoeffizienten der Mullit-Schwämme im Bereich der Daten der beiden anderen Schwammmaterialien zu finden sind (vgl. Abb. 5.6).

Aus Reproduktionsversuchen, welche exemplarisch an den Al$_2$O$_3$-Schwämmen durchgeführt wurden, ergab sich ein mittlerer relativer Fehler von 15 %.

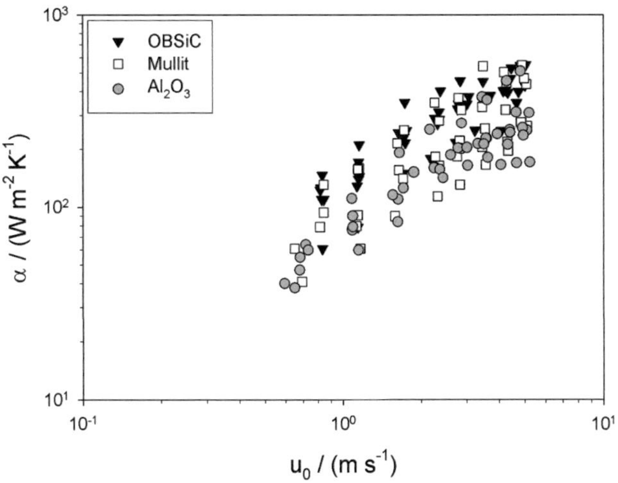

Abb. 5.6: Vergleich der experimentell ermittelten Wärmeübergangskoeffizienten für Al$_2$O$_3$-, OBSiC- und Mullit-Schwämme (10…45ppi, 75 % < ψ < 85 %)

Ein Vergleich mit den von Schlegel et al. (1993) ermittelten volumenspezifischen Wärmeübergangskoeffizienten für Cordierit-Schwämme (10, 20, 30, 50 ppi, $\psi \cong 85$ %) zeigt Werte in der gleichen Größenordnung und damit eine gute Übereinstimmung. Die mittleren Fehler (arithmetisch gemittelter, auf die Literaturdaten bezogener relativer Fehler) betrugen je nach Schwammtyp exklusive zweier Ausnahmen zwischen 10 und 37 %. Eine detaillierte Auflistung der mittleren und maximalen relativen Fehler für jeden Schwammtyp ist in einer Tabelle im Anhang Kap. 9.5.4 zu finden.

5.4.3 Prüfung der Annahme einer adiabaten Wand

Wie in Kap. 5.2 dargestellt, ist eine zweckmäßige, das DGL-System stark vereinfachende Annahme die Vernachlässigung radialer Wärmeströme aufgrund einer adiabaten Wand. Unter dieser Voraussetzung wird zum einen die Rechenzeit deutlich verkürzt und zum anderen kann ein relativ einfach zu programmierender Solver zum Einsatz kommen. Letzteres hat den Vorteil, dass auf Grund der geringeren Anzahl an spezifischen Solverparametern die berechneten Ergebnisse wesentlich weniger fehleranfällig und damit als zuverlässiger anzusehen sind. Die Korrektheit dieser Annahme wurde geprüft, indem die Gleichungen 5.1 und 5.2 in eine Matlabroutine implementiert wurden. Zur Lösung dieses DGL-Systems musste im Gegensatz zum vereinfachten DGL-System aufgrund der hier zusätzlich auftretenden radialen Ortskoordinate ein anderer Solver verwendet werden. Der in der NAG-Toolbox gewählte Solver d03ra löst lineare wie auch nicht-lineare DGL-Systeme mit partiellen Ableitungen erster Ordnung in der Zeit und bis zu zweiter Ordnung in zwei verschiedenen Raumrichtungen. Zur Lösung wird auch hier die „backward differentiation formula" (BDF) verwendet (NAG, NP3663/21). Zusätzlich zu denen in Kap. 5.2 angegebenen Randbedingungen benötigt dieser Solver auch die Angabe einer Randbedingung auf der Mittelachse sowie auf der Mantelfläche des Schwammes. Folgende Randbedingungen wurden gewählt:

- $r = 0:\quad \dfrac{\partial T_f}{\partial r} = 0$ und $\dfrac{\partial T_s}{\partial r} = 0$ (Radiärsymmetrie, Randbedingung 2. Art)

- $r = R:\quad T_f = T_s \equiv T_{Wand} = 25°C$ (Randbedingung 1. Art)

Die Wandtemperatur wurde dabei so gewählt, dass sie mit der Temperatur des Schwammes vor Aufgabe des Temperatursprungs identisch war. Als Gitterauflösung bei der numerischen Anpassung des Wärmeübergangskoeffizienten wurde in axialer und radialer Richtung eine Schrittweite von 2,5 mm gewählt.

In Abb. 5.7 ist exemplarisch für verschiedene Al_2O_3-Schwämme mit $\psi = 80\,\%$ ein Vergleich der numerisch angepassten volumenspezifischen Wärmeübergangskoeffizienten mit (Symbole) und ohne (Linien) Berücksichtigung der radialen Verlustwärmeströme dargestellt. Die als Linien dargestellten Werte, welche mit der Annahme einer adiabaten Wand berechnet wurden, entsprechen jeweils einer Potenzfunktion als Fitkurve durch die in Abb. 5.4 dargestellten Daten. Es zeigt sich für die exemplarisch durchgeführten Vergleichsrechnungen über den gesamten hier untersuchten Geschwindigkeitsbereich eine sehr gute Übereinstimmung zwischen beiden Modellansätzen. Wird für jeden Messpunkt der relative Fehler berechnet, so ergibt sich als arithmetischer Mittelwert aller Fehler ein Wert von 8 %. Auf Grund des vergleichsweise kleinen Fehlers wurden die experimentellen Daten mit dem vereinfachten DGL-System (Gleichungen 5.3 und 5.4) numerisch berechnet. Gestützt wird die Rechtmäßigkeit der Annahme einer adiabaten Wand durch in der Literatur dokumentierte Berechnungen des Wärmeübergangskoeffizienten, beispielsweise von Schlegel et al. (1993).

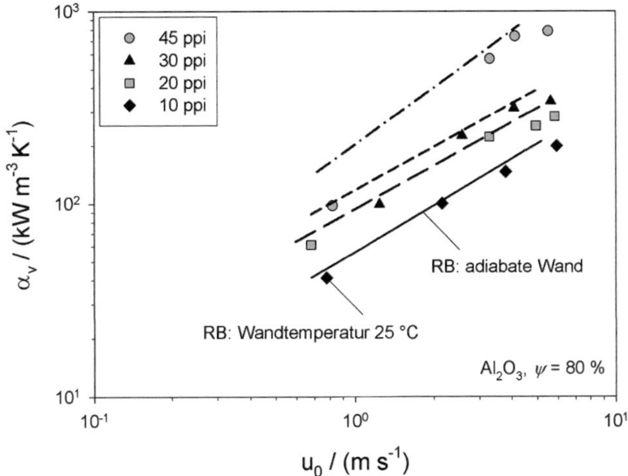

Abb. 5.7: Vergleich der numerisch angepassten Wärmeübergangskoeffizienten mit (Symbole) und ohne (Linien) Berücksichtigung von radialen Wärmeströmen für verschiedene Al$_2$O$_3$-Schwämme mit ψ = 80 % (RB = Randbedingung); die Linien stellen Fitkurven durch die in Abb. 5.4 dargestellten Werte dar

5.5 Korrelation der experimentellen Ergebnisse

5.5.1 Prüfung der Anwendbarkeit der „Verallgemeinerten Lévêque-Gleichung"[5]

Ausgangspunkt der Korrelation von Druckverlust- mit Wärmeübergangsdaten mit Hilfe der „Verallgemeinerten Lévêque-Gleichung" bildet die 1928 von André Lévêque hergeleitete analytische Lösung der Energiegleichung für stationäre Wärmeleitung. Die 2D-Energiegleichung lautet:

$$u(y) \cdot \frac{\partial T}{\partial z} = \kappa \cdot \frac{\partial^2 T}{\partial y^2} \tag{5.6}$$

Zur Lösung dieser Gleichung näherte Lévêque das Geschwindigkeitsprofil in Wandnähe durch eine Wandtangente an. Die Wandtangente entspricht der Wandscherrate, die mit Hilfe der Wandschubspannung bestimmt werden kann.

---

[5] Erste Ergebnisse sind in Proceedings zur IHTC 14 in Washington D.C./ USA, ASME 2010 publiziert.

Damit ergibt sich z.B. für Rohrströmungen folgende Beziehung für das Geschwindigkeitsprofil:

$$u(y) = \frac{du}{dy} \cdot y = \gamma \cdot y = \frac{\tau}{\eta} \cdot y \quad \text{mit} \quad \tau = \frac{\Delta p}{\Delta L} \cdot \frac{d}{4} \tag{5.7}$$

Mit Hilfe eines Ähnlichkeitsansatzes ergibt sich die sog. Lévêque-Asymptote in der Darstellung als mittlere Nusselt-Zahl zu (Lévêque, 1928; Goedecke, 2006):

$$Nu = 0{,}4038 \cdot \left(2 \cdot x_f \cdot Hg \cdot Pr \cdot \frac{d_h}{l} \right)^{1/3} \tag{5.8}$$

Hierin ist x_f der Reibungsanteil, d_h der hydraulische Durchmesser und l eine sich wiederholende charakteristische „äquivalente" Länge (entspricht in der Regel nicht der Probenlänge). Gleichung 5.8 wird in der Literatur meist als „Verallgemeinerte Lévêque-Gleichung" bezeichnet und beschreibt den Fall des hydrodynamischen und gleichzeitigen thermischen Anlaufs einer laminaren Rohrströmung. Für turbulente Strömungen kann Gleichung 5.8 angewandt werden, so lange sich die thermische Grenzschicht innerhalb der viskosen Unterschicht befindet (Martin, 2002).

Für den Fall einer stationären, voll ausgebildeten laminaren Strömung (Hagen-Poiseuille-Strömung) gilt $Hg = 32 \cdot Re$ sowie $x_f = 1$ und es folgt aus Gleichung 5.8 für durchströmte Rohre die allgemein gut bekannte Nusselt-Asymptote für die hydrodynamisch ausgebildete Strömung bei thermischem Anlauf (Lévêque, 1928; Goedecke, 2006):

$$Nu = 1{,}615 \cdot \left(Re \cdot Pr \cdot \frac{d_h}{l} \right)^{1/3} \tag{5.9}$$

Die „Verallgemeinerte Lévêque-Gleichung" besagt nach Gleichung 5.8, dass der Wärmeübergang von der dritten Wurzel des Druckverlustes abhängt. Mit Hilfe dieser Gleichung besteht die Möglichkeit der Berechnung von Nusselt-Zahlen aus Hagen-Zahlen, d. h. also Wärmeübergangskoeffizienten aus in Experimenten vergleichsweise einfach zu bestimmenden Druckverlustdaten. Dieser Zusammenhang erspart demnach dem Anwender vergleichsweise aufwendige Versuchsaufbauten, lange Versuchszeiten und komplizierte Auswerteroutinen zur Bestimmung von Wärmeübergangskoeffizienten. Die

Anwendbarkeit der „Verallgemeinerten Lévêque-Gleichung" wurde, neben der Gültigkeit für durchströmte Rohre, in der Literatur bereits intensiv für Schüttungen aus sphärischen Partikeln, Zylindern, Ringen, etc. sowie für verschiedene Arten von Wärmeübertragern gezeigt. Somit können sowohl durchströmte als auch überströmte Systeme durch die „Verallgemeinerte Lévêque-Gleichung" beschrieben werden (Martin, 1996, 2002). Dies lässt die Anwendbarkeit auch auf keramische Schwämme vermuten.

Für die Korrelation der experimentellen Wärmeübergangsdaten mit den Druckverlustdaten (Kap. 4) der hier untersuchten Schwämme wurden zunächst die zu den Nusselt-Zahlen bei gleicher Geschwindigkeit korrespondierenden Hagen-Zahlen berechnet (Stoffwerte von Luft wurden bei 100 °C entsprechend der Endtemperatur des Sprunges eingesetzt). Um Fehler zu minimieren, wurden die jeweiligen Fitfunktionen durch die experimentellen Druckverlustdaten (und nicht die mit $\pm$ 20 % fehlerbehafteten Korrelation (Gleichung 4.11)) verwendet. Weiterhin wurde die Péclet-Zahl für jeden Messpunkt bestimmt. Sie gibt das Verhältnis von konvektiv transportierter zu geleiteter Wärmemenge an und wurde wie folgt berechnet

$$Pe = Re \cdot Pr = \frac{u_0 \cdot d_h}{\psi \cdot v_f} \cdot \frac{v_f}{\kappa_f} = \frac{u_0 \cdot d_h \cdot \rho_f \cdot c_{p,f}}{\psi \cdot \lambda_f} \qquad (5.10)$$

Da das Modell nach Lévêque (ausgehend von Gleichung 5.6) molekulare Wärmeleitung in Strömungsrichtung im Fluid nicht berücksichtigt, wurden alle experimentellen Daten, für welche die Längswärmeleitung einen nicht vernachlässigbaren Anteil am Wärmetransport besitzt, in den weiteren Berechnungen und Korrelationen nicht mehr verwendet. Dies gilt für alle experimentellen Daten mit $Pe < 100$ (Goedecke, 2006).

In Abb. 5.8 sind für ausgewählte Schwammtypen die Nusselt-Zahl gegen die korrespondierende Hagen-Zahl aufgetragen. Es zeigt sich bei der Betrachtung für jeden Schwammtyp, dass die experimentellen Daten einem für sich eindeutigen linearen Trend mit Steigung 1/3 über den untersuchten Hg-Bereich folgen. Dabei streuen die Daten nur wenig um die jeweiligen Ausgleichskurven, wobei das Bestimmtheitsmaß zwischen $R^2 = 0,9483$ im schlechtesten Fall und $R^2 = 0,9901$ im besten Fall variiert (arithmetischer Mittelwert des Bestimmtheitsmaßes über alle Schwammtypen: $R^2 = 0,9701$). Werden jedoch die Daten im Gesamten betrachtet, so zeigt sich eine starke Streuung um eine für alle Daten gültige Ausgleichskurve – 29 % der Daten liegen außerhalb einer Fehlertoleranz von 40 %. Dennoch folgt auch diese Ausgleichskurve in etwa der Steigung 1/3, welche dem theoretisch abgeleiteten

Wert nach Lévêque entspricht. Generell ist damit auch für Schwämme die Tendenz der „Verallgemeinerte Lévêque-Gleichung" zu erkennen und die Analogie zwischen Wärme- und Impulstransport anwendbar.

Beim Vergleich von Schwämmen unterschiedlicher Porosität und gleichen Materials (sowie gleicher ppi-Zahl) in Abb. 5.8 zeichnet sich ein Trend derart ab, dass die Nusselt-Zahlen der Schwämme mit hohen Porositäten größer sind als diejenigen mit niedrigen Porositäten. Eine eindeutige und signifikante Abhängigkeit von der ppi-Zahl konnte hingegen nicht festgestellt werden.

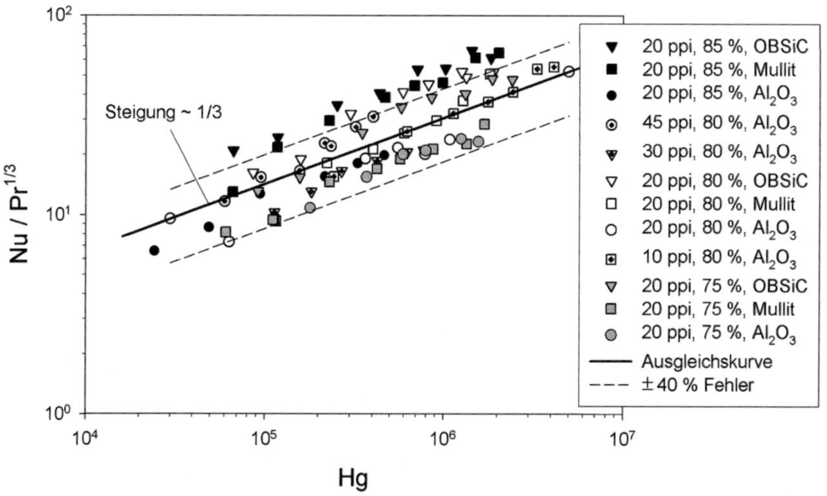

Abb. 5.8: Lévêque-Analogie für ausgewählte Schwämme aus Al$_2$O$_3$, Mullit und OBSiC (10...45 ppi, 75 % < ψ < 85 %)

Prinzipiell wurde auch bei Kugelschüttungen eine Abweichung der Daten von ± 38 % von der Mittelwertkurve beobachtet (Goedecke, 2006), so dass für die untersuchten keramischen Schwämme die in Abb. 5.8 gezeigte Streuung der Daten tolerierbar ist. Da die hier verwendeten Proben kommerziell von einem Metallschmelzenfilter-Hersteller bezogen wurden, sind die Proben teilweise geometrisch stark verschieden. Dabei können sogar innerhalb eines Schwamm-typs die Anzahl der geschlossenen/ verklebten Fenster sowie Fenster- und Steg-durchmesser stark variieren (vgl. Kap. 3.2.3.2). Ziel war es dennoch, eine Korrelation zu entwickeln, welche mit kleinst möglichem Fehlerbereich für alle untersuchten Schwämme, d. h. aller Materialien, ppi-Zahlen und Porositäten gültig ist. Dabei lässt bereits Abb. 5.8 erkennen, dass eine Reduktion der

Fehlertoleranz nicht durch die Einführung eines Geometriefaktors alleine möglich ist, da die Daten keinem eindeutigen Trend in der ppi-Zahl oder der Porosität folgen.

Durch die im Folgenden beschrieben dimensionslosen Korrekturfaktoren für die Nusselt-Zahl konnte dennoch eine Reduktion der Fehler erreicht werden. Analog zu Martin (Martin, 2002) wurde zunächst ein Gewichtungsfaktor als Funktion der Reynolds-Zahl eingeführt:

$$C_{Re} = \left(\frac{Re+1}{Re+1000} \right)^m \quad \text{mit} \quad C_{Re} < 1 \tag{5.11}$$

Weiter erfolgte die Berücksichtigung geometrischer Unähnlichkeiten anhand eines Geometriefaktors. Dabei werden der hydraulische Durchmesser und die „äquivalente" Länge wie folgt ins Verhältnis gesetzt:

$$C_{geo} = \left(\frac{d_h/l}{\left(d_h/l \right)_{gemittelt}} \right)^n \quad \text{mit} \quad l = d_{Fenster} + d_{Steg} \tag{5.12}$$

Die „äquivalente" Länge ist dabei die kleinste sich wiederholende geometrische Länge auf dem Durchströmweg eines Fluidteilchens durch den Schwamm. Dies wurde hier als Summe aus Steg- und Fensterdurchmesser definiert. Der Nenner des Bruches in Gleichung 5.12 berechnet sich als arithmetischer Mittelwert für alle untersuchten Schwammtypen. Durch Einsetzen der Definition für den hydraulischen Durchmesser nach Gleichung 4.4 unter Verwendung von Gleichung 3.4 für die spezifische Oberfläche ergibt sich für C_{geo} folgende Proportionalität:

$$C_{geo} \sim \left(\frac{\psi \cdot \left(1-\psi\right)^{-0,25}}{\left(\psi \cdot \left(1-\psi\right)^{-0,25} \right)_{gemittelt}} \right)^n \tag{5.13}$$

Dadurch wird dem in Abb. 5.8 beobachteten Trend in der Abhängigkeit der Nusselt-Zahl von der Porosität Rechnung getragen.

Für die „korrigierte" Nusselt-Zahl ergibt sich somit

$$Nu_{korr} = \frac{Nu_{exp}}{C_{Re} \cdot C_{geo}} \equiv \frac{Nu_{exp}}{F} \tag{5.14}$$

Die Bestimmung der beiden Exponenten m und n der Korrekturfaktoren erfolgte mit Hilfe des in Abb. 5.9 gezeigten Schemas.

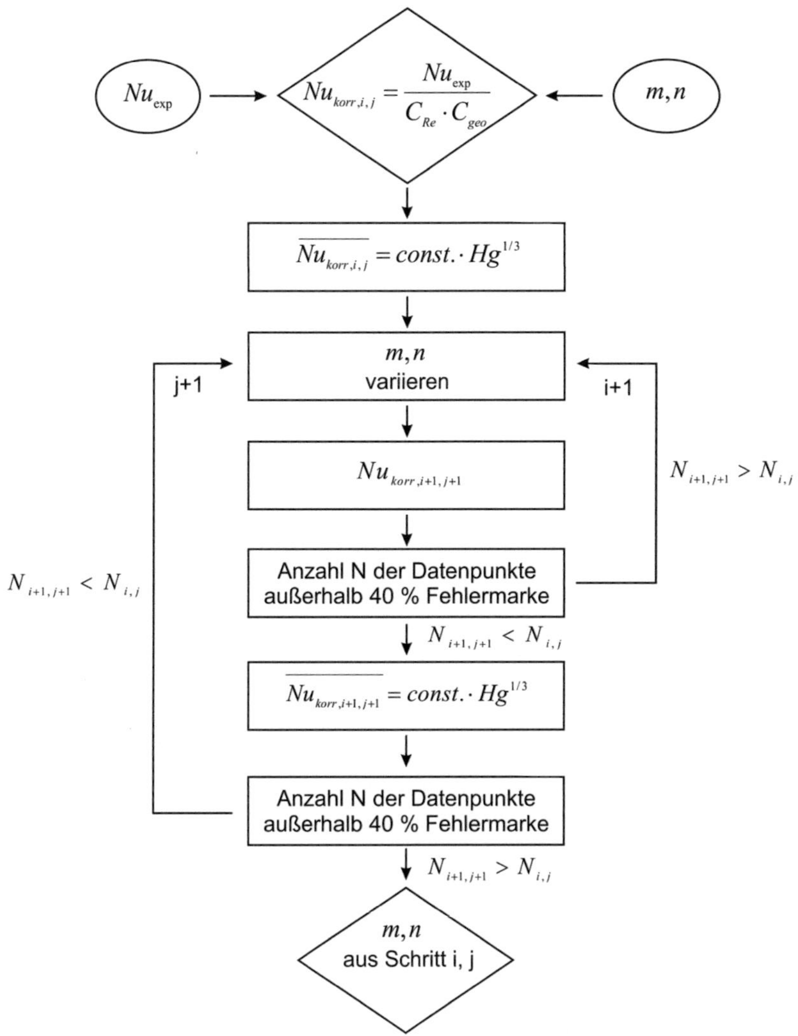

Abb. 5.9: Schema zur Anpassung der Konstanten *m* und *n* bei der Berechnung der „korrigierten" Nusselt-Zahl

Zunächst wurde eine korrigierte Nusselt-Zahl mit frei gewählten Anfangswerten für m und n berechnet. Anschließend wurde mit Hilfe der logarithmischen Fehlerquadratminimierung nach Gleichung 5.15 eine Mittelwertkurve der Form $Nu = C \cdot Hg^{1/3} \cdot Pr^{1/3}$ bestimmt.

$$RMSD = 10^{RMS(ELOG)} - 1 \quad \text{mit} \quad ELOG = lgNu_{ber} - lgNu_{korr} \qquad \text{(5.15)}$$

Folgend wurde die Anzahl der Datenpunkte ermittelt, welche außerhalb der $\pm\,40\,\%$-Fehlermarke lagen. Dann wurden m und n so lange angepasst, bis die Anzahl minimal wurde. Im nächsten Schritt wurde zu den auf diese Weise „korrigierten" Nusselt-Zahlen wiederum mit Hilfe der logarithmischen Fehlerquadratminimierung (Gleichung 5.15) eine Mittelwertskurve bestimmt. Zu dieser Mittelwertskurve wurden nun wiederum neue „korrigierte" Nusselt-Zahlen durch Variation von m und n ermittelt. Diese Prozedur wurde so lange wiederholt, bis schließlich die Anzahl der Datenpunkte außerhalb der $\pm\,40\,\%$-Fehlermarke minimal wurde. Die Exponenten m und n ergaben sich dabei zu $m = 0{,}25$ und $n = 1{,}5$, der RMSD-Wert betrug hierbei $22{,}06\,\%$. Durch diese Vorgehensweise konnte eine Reduktion der außerhalb der $\pm\,40\,\%$-Fehlermarke liegenden Datenpunkte von $29\,\%$ auf $7\,\%$ erreicht werden. Die so angepasste Korrelation ergab sich schließlich zu (gültig für $50 < Re < 1500$):

$$Nu = 0{,}45 \cdot Hg^{1/3} \cdot Pr^{1/3} \cdot F \qquad \text{(5.16)}$$

In Abb. 5.10 ist das Ergebnis der Anpassung gezeigt. In der oberen Grafik sind die Originalmesswerte analog zu Abb. 5.8 dargestellt (selbige Messwerte ergänzt durch die in Abb. 5.8. fehlenden Schwammtypen). Die Berechnungsvorschrift für die Mittelwertskurve wurde anhand der Fehlerquadratminimierung analog zu Gleichung 5.15 ermittelt. Wird hingegen die nach Gleichung 5.16 „korrigierte" Nusselt-Zahl aufgetragen (vgl. Abb. 5.10 unten), so wird die Reduktion der Daten außerhalb des $\pm\,40\,\%$-Fehlerbereichs deutlich. Weiterhin korrelieren die „korrigierten" Nusselt-Zahlen im Vergleich zu den Originalmesswerten enger zur Mittelwertskurve hin. Die Mittelwertskurve entspricht dabei Gleichung 5.16. Der mittlere relative Fehler der Abweichung von der Mittelwertkurve beträgt bei den Originalmesswerten $38\,\%$, bei den korrigierten Werten hingegen $16\,\%$.

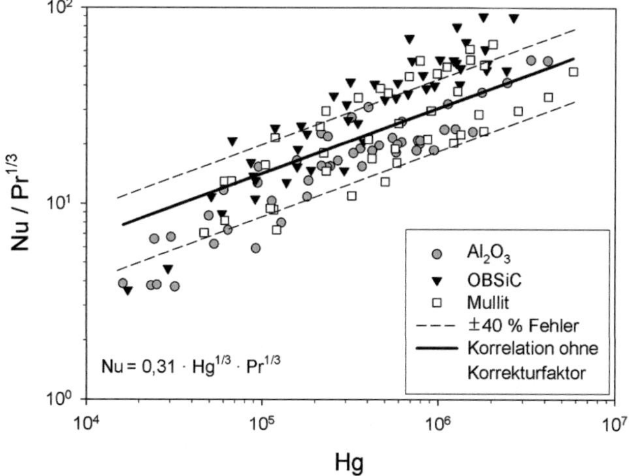

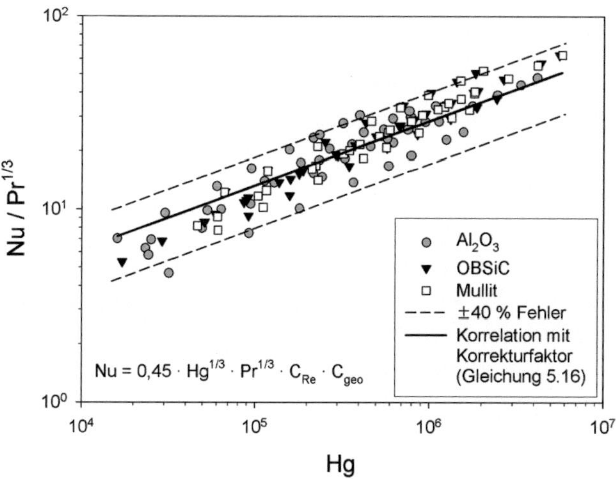

Abb. 5.10: Lévêque-Analogie für Schwämme aus Al₂O₃, Mullit und OBSiC (10…45 ppi, 75 % < ψ < 85 %): oben – Originalmesswerte, unten – mit Hilfe einer Routine zur Minimierung der Abweichung von der Mittelwertkurve „korrigierte" Messwerte

5.5.2 Korrelation der experimentellen Daten mit einem Nusselt-Reynolds-Ansatz[6]

Die in Kap. 5.4.2 diskutierten Ergebnisse werden im Folgenden in dimensionsloser Form korreliert, auf dessen Basis eine Auslegung technischer Apparate und Reaktoren möglich sein sollte. Zur Korrelation wird der in der Literatur für diverse Wärmeübertragungsprobleme allgemein übliche Ansatz einer Potenzfunktion verwendet:

$$Nu = C \cdot Re^{m} \cdot Pr^{\frac{1}{3}} \tag{5.17}$$

Die Konstante C ist dabei die Anpasskonstante an experimentelle Ergebnisse, die Potenz der Reynolds-Zahl wurde wie folgt theoretisch abgeleitet:

- Aus der „Verallgemeinerten Lévêque-Gleichung" (Kap. 5.5.1) ergibt sich:
$$Nu \sim Hg^{\frac{1}{3}}$$

- Aus der Druckverlustkorrelation (Kap. 4.4.1) ergibt sich für den in den Wärmeübergangsmessungen realisierten Leerrohrgeschwindigkeitsbereich:
$$Re \sim Hg^{\frac{1}{2}}$$

- Nach Gleichung 5.17 gilt für die Nusselt-Zahl:
$$Nu \sim Re^{m}$$

Durch einen Koeffizientenvergleich dieser Proportionalitäten ergibt sich folgende Lösung für die Potenz m:
$$m = \frac{2}{3}$$

Durch Fehlerquadratminimierung wurde schließlich für jeden Schwammtyp die Konstante C unabhängig voneinander angepasst. Die Anpassung erfolgte dabei unter Verwendung der Stoffwerte von Luft bei 100 °C (Endtemperatur des Sprunges). Die Ergebnisse sind in Tab. 5.2 aufgelistet.

---

[6] Erste Ergebnisse sind in Proceedings zur IHTC 14 in Washington D.C./ USA, ASME 2010 publiziert.

Tab. 5.2: Anpassungskonstante C für die Nusselt-Korrelation für alle untersuchten Schwammtypen (unter Verwendung von *m* = 2/3 als Potenz der Reynolds-Zahl)

$\psi_{Hersteller}$	ppi	Al_2O_3	OBSiC	Mullit
75 %	20	0,294	0,546	0,315
80 %	10	0,434	0,905	0,321
	20	0,303	0,632	0,456
	30	0,309	0,586	0,696
	45	0,480	0,326	0,115
85 %	20	0,261	0,681	0,652

Ein Vergleich der in Tab. 5.2 aufgeführten Werte zeigt, dass sich die Werte voneinander zum Teil sehr stark unterscheiden und damit eine Korrelation aller Nusselt-Zahlen mit einer allgemein für alle untersuchten Schwammtypen gültigen Gleichung nur mit einer vergleichsweise großen Fehlertoleranz möglich ist. Garrido und Kraushaar-Czarnetzki (2010) schlagen in einer erst kürzlich erschienenen Veröffentlichung folgende, anhand von Al_2O_3-Schwämmen abgeleitete allgemeingültige Korrelation vor:

$$Nu = 0{,}81 \cdot Re^{0,47} \cdot Pr^{\frac{1}{3}} \cdot \underbrace{\left(\frac{a^2}{b \cdot c}\right)^{0,84}}_{A} \cdot \psi^{0,43} \quad \text{für } 7 < Re < 1100 \quad (5.18)$$

Dabei wurde die Korrelation ursprünglich für den Stofftransport entwickelt, so dass Gleichung 5.18 aus der Wärme-Stoff-Analogie resultiert (Ersetzen der Sherwood-Zahl durch die Nusselt-Zahl und die Schmidt-Zahl durch die Prandtl-Zahl). Dabei bezeichnen *a, b, c* in Gleichung 5.18 den langen, mittleren und kurzen Durchmesser der als Ellipsoide angenommenen Zellen eines Schwammes. Die Werte für die Durchmesser wurden dadurch erhalten, indem repräsentativ aus einer Schwammprobe ein Quaderstück heraus-geschnitten und anschließend von allen sechs Seiten mikroskopiert wurde. Dadurch ist es möglich, eine infolge des Herstellungsprozesses in den drei Raumrichtungen entstandene Längung der Zellen zu erfassen und zu berücksichtigen. Für Al_2O_3-Schwämme wurden die in Tab. 5.3 arithmetisch gemittelten Werte bestimmt (vgl. Große 2009).

Tab. 5.3: mit Hilfe der Mikroskopie ermittelte Durchmesser der als Ellipsoide angenommenen Zellen von Al_2O_3-Schwämmen bei der Mikroskopie eines Quaders auf allen sechs Seiten (a = langer Durchmesser, b = mittlerer Durchmesser, c = kleiner Durchmesser)

$\psi_{Hersteller}$	ppi	a / μm	b / μm	c / μm
75 %	20	2345	1627	1413
80 %	10	1241	862	762
	20	1156	767	616
	30	981	747	614
	45	1264	1082	863
85 %	20	1450	1088	872

Durch den Faktor A in Gleichung 5.18 wird damit einer möglichen Anisotropie der Schwämme, die je nach Schwammtyp unterschiedlich stark ausgeprägt sein kann, Rechnung getragen. Zur Überprüfung der Anwendbarkeit der Korrelation von Garrido und Kraushaar-Czarnetzki (2010) wurde der Fehler zu den in dieser Arbeit ermittelten Werte wie folgt berechnet:

$$Fehler = \frac{\left| Nu_{Korrelation} - Nu_{exp} \right|}{Nu_{Korrelation}} \cdot 100\% \qquad (5.19)$$

Dabei bezeichnet $Nu_{Korrelation}$ die Nusselt-Zahl, die mit Hilfe von Gleichung 5.18 berechnet wurde. Nu_{exp} bezeichnet die Nusselt-Zahl, welche mit den experimentell ermittelten Wärmeübergangskoeffizienten gebildet wurde.

Die Korrelation nach Garrido und Kraushaar-Czarnetzki (2010) bildet die in dieser Arbeit experimentell ermittelten Daten für Al_2O_3-Schwämme zu 67 % innerhalb einer Fehlertoleranz von ± 40 % ab. Wird die Korrelation weiterhin auch auf die Schwämme aus Mullit und OBSiC angewandt, so bildet sie insgesamt 62 % aller experimentellen Daten innerhalb einer Fehlertoleranz von ± 40 % ab.

In der Anpassung der Korrelation nach Garrido und Kraushaar-Czarnetzki (2010) in Gleichung 5.18 wurde neben der Einführung des Anisotropiefaktors A auch die Potenz der Reynolds-Zahl verändert und nicht zu $m = 2/3$ belassen. Da dies mit den Korrelationen in den vorherigen Kapiteln nicht konsistent ist, wurde hier konsequenterweise eine neue für alle untersuchten Schwammtypen allgemein gültige Korrelation erstellt. Durch Fehlerquadratminimierung ergab sich damit folgende Mittelwertkurve als Nusselt-Korrelation (RMSD 37,27 %):

$$Nu_{exp} = 0,45 \cdot Re^{\frac{2}{3}} \cdot Pr^{\frac{1}{3}} \qquad \text{für } 50 < Re < 1500 \qquad \textbf{(5.20)}$$

Mit Hilfe dieser Korrelation werden 71 % aller in dieser Arbeit ermittelten Nusselt-Zahlen innerhalb einer Fehlertoleranz von ± 40 % abgebildet. Werden hingegen lediglich die Al_2O_3-Schwämme betrachtet (für welche Gleichung 5.18 abgeleitet wurde), so liegen 76 % aller experimentellen Daten innerhalb einer Fehlertoleranz von ± 40 %.

In Abb. 5.11 ist ein Vergleich der beiden Korrelationen (Gleichung 5.18 und 5.20) in einem Fehlerdiagramm gezeigt. Grau ausgefüllte Symbole markieren die Nusselt-Zahlen, welche mit der Korrelation nach Garrido und Kraushaar-Czarnetzki (2010) berechnet wurden, schwarz ausgefüllte Symbole hingegen die Nusselt-Zahlen mit Hilfe von Gleichung 5.20. Es ist zu erkennen, dass Gleichung 5.20 meist Werte liefert, die im Vergleich zu den nach Gleichung 5.18 berechneten Daten näher an der Ursprungsgeraden liegen und damit die experimentellen Daten besser beschreiben.

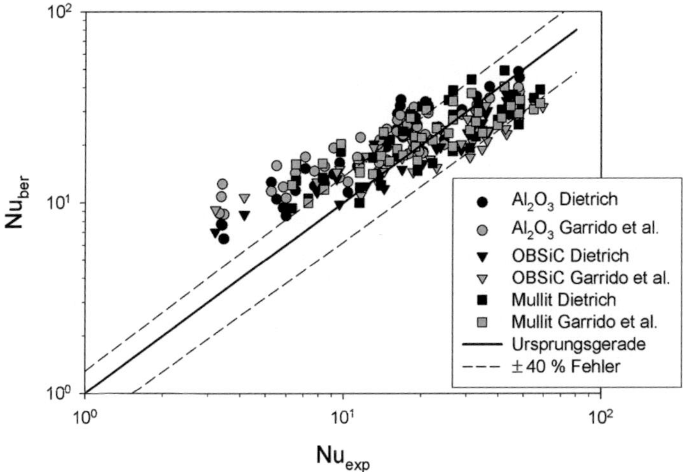

Abb. 5.11: Fehlerdiagramm zum Vergleich der in dieser Arbeit entwickelten Nusselt-Korrelation mit der nach Garrido und Kraushaar-Czarnetzki (2010)

Wird analog zur Lévêque-Analogie (Gleichung 5.16) ebenfalls die Nusselt-Zahl mit dem im vorigen Kapitel abgeleiteten Faktor F „korrigiert", so liegen 94 % aller Datenpunkte bzw. bei alleiniger Betrachtung der Al_2O_3-

Schwämme 92 % innerhalb der ± 40 %-Fehlermarke. Die mit Fehlerquadrat-minimierung angepasste Korrelation lautet damit (RMSD-Wert 22,41 %)

$$Nu = 0,57 \cdot Re^{2/3} \cdot Pr^{1/3} \cdot F \qquad \text{für } 50 < Re < 1500 \qquad (5.21)$$

Abb. 5.12 zeigt die Streuung der korrigierten Nusselt-Zahlen um deren Mittelwertkurve, die nach Gleichung 5.21 definiert ist.

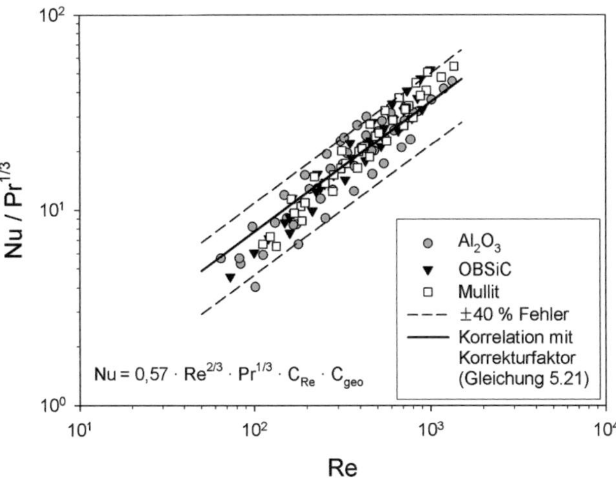

Abb. 5.12: korrigierte Nusselt-Zahlen für Schwämme aus Al₂O₃, Mullit und OBSiC (10…45 ppi, 75 % < ψ < 85 %) und Korrelation der experimentellen Daten

Im Vergleich zu den oben beschriebenen Korrelationen bildet die hier abgeleitete Korrelation (Gleichung 5.21) mehr Werte innerhalb der ± 40 %-Fehlermarke ab und ist damit genauer. Ein weiterer Vorteil von Gleichung 5.21 ist, dass diese gegenüber der Korrelation von Garrido und Kraushaar-Czarnetzki (2010) für einen größeren Reynolds-Zahlen-Bereich gültig ist. Folglich wird also für eine erste Abschätzung der Nusselt-Zahlen aus Sicht der in dieser Arbeit gewonnenen experimentellen Daten Gleichung 5.21 vorgeschlagen.

Die vergleichsweise große Streuung der experimentellen Daten um die Mittelwertskurve der Korrelationen könnte an der unterschiedlichen Anzahl an verklebten Fenstern bei den verschiedenen Schwammtypen liegen. Dadurch würde sich die Strömungscharakteristik zum Teil stark verändern, wodurch der Wärmetransport in den Feststoff beeinflusst würde. Ein weiterer Grund ist

zudem die Messunsicherheit, die allein für die Ermittlung der Wärmeübergangskoeffizienten mit ca. $\pm 15\ \%$ beziffert werden muss. Hinzu kommen Unsicher-
heiten in der Bestimmung geometrischer Kenngrößen, die in den hydraulischen
Durchmesser einfließen.

Im Vergleich zu den in der Literatur angegebenen Nusselt-Korrelationen
(vgl. Tab. 5.1) bildet die in dieser Arbeit angepasste Korrelation einen deutlich
größeren Reynolds-Zahlen-Bereich ab und wurde zudem für eine weitaus
größere Anzahl an verschiedenen Schwammtypen abgeleitet.

5.5.3 Vergleich der abgeleiteten Nusselt-Korrelationen

In Abb. 5.13 ist in einem Fehlerdiagramm ein Vergleich der beiden in den
vorigen Kapiteln abgeleiteten Nusselt-Korrelationen dargestellt. Dabei wurden
die Nusselt-Zahlen Nu_{Hg}, die aus Gleichung 5.16 (vgl. Kap. 5.5.1) berechnet
wurden, gegen die Nusselt-Zahlen Nu_{Re}, die aus Gleichung 5.21 (vgl. Kap. 5.5.2)
berechnet wurden, aufgetragen. Es zeigt sich, dass die beiden Korrelationen
gleichwertige Ergebnisse liefern, da die aufgetragenen Nusselt-Zahlen nahe der
Ursprungsgeraden korrelieren.

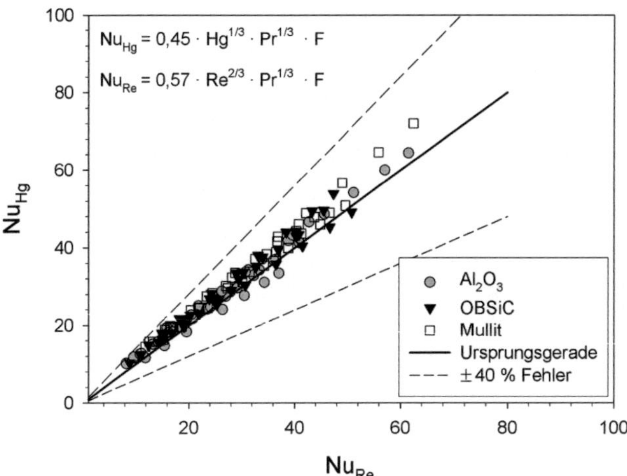

**Abb. 5.13: Vergleich der Nusselt-Zahlen für Schwämme aus Al₂O₃, Mullit und OBSiC
(10...45 ppi, 75 % < ψ < 85 %) berechnet nach Gleichung 5.16 (Nu_{Hg}) mit denen, die
nach Gleichung 5.21 (Nu_{Re}) berechnet wurden**

6   Wärmeleitung

6.1   Zweiphasen-Ruhewärmeleitfähigkeit

Die Wärmeübertragung in nicht durchströmten porösen Netzwerksystemen erfolgt durch folgende zwei Mechanismen:

- Wärmeleitung in der festen und fluiden Phase
- Wärmestrahlung zwischen zwei Feststoffflächen

Analog zu Schüttungen kann auch für Schwämme zur Beschreibung des Wärmetransports ein homogenes Modell aufgestellt werden. Hierbei werden Fluid und Feststoff zusammengefasst und für Berechnungen als eine kontinuierliche Phase betrachtet. Dementsprechend wird dem Schwamm eine sog. Zweiphasen-Ruhewärmeleitfähigkeit zugeordnet, welche als Superposition der Fluid- und Feststoffwärmeleitfähigkeit und damit der oben genannten Mechanismen zu verstehen ist. Sie hängt im Allgemeinen vor allem vom Feststoffmaterial, dessen Korngrößenverteilung, der Mikro- und Makroporosität, des Fluids, der Temperatur und des Drucks ab (VDI WA, Abschnitt Dee, 2006).

Die experimentelle Bestimmung der Zweiphasen-Ruhewärmeleitfähigkeit erfolgte in dieser Arbeit mit einer stationären, in axialer Wärmestromrichtung geführten Vergleichsmethode mit Hilfe einer Zweiplatten-Apparatur. Darin wird die eigentliche Probe mit einer zweiten Probe bekannter Wärmeleitfähigkeit in Reihe geschaltet. Über beide Proben wird im Experiment in axialer Richtung ein definierter Temperaturgradient angelegt. Bei bekannten Randbedingungen und einer Temperaturmessung in der Vergleichsprobe kann die Wärmeleitfähigkeit der tatsächlichen Probe berechnet werden. Diese Vorgehensweise wurde in der Vergangenheit bereits erfolgreich für Kugelschüttungen angewandt (Ofuchi und Kunii, 1965; Cybulski et al., 1975; Masamune und Smith, 1963).

6.1.1   Stand des Wissens

In der Literatur sind einige Veröffentlichungen zu finden, die sich mit praktischen Messungen sowie der Korrelation der Zweiphasen-Ruhewärmeleitfähigkeit von Schwammstrukturen beschäftigen. Fast alle Autoren untersuchten jedoch metallische Schwammstrukturen mit Porositäten oberhalb 90 % (Singh und Kasana, 2004; Bhattacharya et al., 2002; Paek et al., 2000; Boomsma und Poulikakos, 2001; Calmidi und Mahajan, 1999; Decker et al., 2001), wohingegen nur wenige auch Schwämme mit Porositäten unterhalb 80 % verwendeten (Abramenko et al., 1999). Lediglich eine, im Rahmen eines DFG-Forschungsvorhabens durchgeführte Arbeit konnte für keramische Schwämme gefunden werden (Decker et al., 2002). Die Autoren beschäftigten sich mit

Schwämmen aus Cordierit, CB-SiC und SSiC. Die Porenzahl der verwendeten Proben variierte dabei zwischen 10 und 45 ppi. Die Porosität betrug 76 und 81 %. Die Bestimmung der Zweiphasen-Ruhewärmeleitfähigkeit erfolgte mit Hilfe einer Zweiplattenapparatur. Es wurden jeweils Polynome zweiten Grades als Anpassungsfunktion der Zweiphasen-Ruhewärmeleitfähigkeit über der Temperatur in einem Temperaturintervall zwischen 50 und 500 °C ermittelt. Leider konnten die Autoren keine physikalisch vernünftige Porositätsabhängigkeit darstellen, da die ermittelten Werte für die Zweiphasen-Ruhewärmeleitfähigkeit bei einer Porosität von 81 % stets höher lagen als diejenigen bei 76 %. Die Autoren führten dies auf den verwendeten Versuchsaufbau zurück (Decker et al., 2002). Eine Korrelation der experimentellen Daten wurde nicht vorgenommen.

Die für metallische Schwämme abgeleiteten Korrelationen der oben angeführten Autoren sind in Tab. 6.1 aufgelistet und können wie folgt klassifiziert werden:

- beliebige Kombination von Widerständen (vgl. „Kombinationsmodelle" in Tab. 6.1)
- Verwendung von Einheitszellen (vgl. „physikalisches Modell" in Tab. 6.1)

Diese Einteilung orientiert sich an den Modellen für Kugelschüttungen im VDI-Wärmeatlas (vgl. Modell Typ II und III, VDI-WA, Abschnitt Dee, 2006).

Tab. 6.1: Korrelationen aus der Literatur zur Vorausberechnung der Zweiphasen-Wärmeleitfähigkeit von Schwämmen

Art	Ref.	Berechnungsvorschrift	Testsystem
Kombinations-modell	[1]	$\lambda_{2Ph,0} = C_1 \cdot \dfrac{\lambda_s}{1 - \psi \cdot \left(1 - \dfrac{\lambda_f}{\lambda_s}\right)} + C_2 \cdot \dfrac{\lambda_f}{1 + \psi \cdot \left(\dfrac{\lambda_s}{\lambda_f} - 1\right)}$	Al − Luft $69\% < \psi < 79\%$
	[2]	$\lambda_{2Ph,0} = \lambda_{\Pi}^{F} \cdot \lambda_{\perp}^{1-F} \quad F = const \cdot \left[C_3 + C_4 \cdot \ln\left(\psi \cdot \dfrac{\lambda_s}{\lambda_f}\right)\right]$ $\lambda_{\Pi} = $ arithmetisches Mittel $\lambda_{\perp} = $ harmonisches Mittel	Al / RVC[*] - Luft, Al / RVC[*] - Wasser $\psi > 90\%$
	[3]	$\lambda_{2Ph,0} = C_5 \cdot \left(\psi \cdot \lambda_f + (1 - \psi) \cdot \lambda_s\right) + \dfrac{1 - C_5}{\dfrac{\psi}{\lambda_f} + \dfrac{1 - \psi}{\lambda_s}}$	Al / RVC[*] - Luft, Al / RVC[*] - Wasser $\psi > 90\%$

| Physikal. Modell | [4] | Einheitszelle: Würfel

$$\lambda_{2Ph,0} = \lambda_s \cdot t^2 + \lambda_f \cdot (1-t)^2 + \frac{2 \cdot t \cdot (1-t) \cdot \lambda_f \cdot \lambda_s}{\lambda_s \cdot (1-t) + \lambda_f \cdot t}$$

$$t = \frac{1}{2} + \cos\left(\frac{1}{3} \cdot \cos^{-1}(2 \cdot \psi - 1) + \frac{4 \cdot \pi}{3}\right)$$

Annahme: 1D- Wärmeleitung | Al Leg. – Luft
$89\,\% < \psi < 96\,\%$ |
| | [5] | Einheitszelle: Tetrakaidekaeder

$$\lambda_{2Ph,0} = \frac{\sqrt{2}}{2 \cdot (R_A + R_B + R_C + R_D)}$$

$$R_{A...D} = f(\lambda_s, \lambda_f, \text{geometrische Kenngrößen})$$ | Al – Luft
Al – Wasser
$90\,\% < \psi < 98\,\%$ |

* reticulated vitreous carbon

[1] Abramenko et al., 1999; [2] Singh und Kasana, 2004; [3] Bhattacharya et al., 2002; [4] Paek et al., 2000; [5] Boomsma und Poulikakos, 2001

Da metallische Schwämme im Vergleich zu keramischen Schwämmen eine weitaus feinere und gleichmäßigere Netzstruktur sowie meist höhere Porositäten besitzen, sind die für metallische Schwämme hergeleiteten Modelle in Tab. 6.1 wahrscheinlich nicht auf keramische Schwämme übertragbar. Zur Bewertung wurden die Modelle mit den in dieser Arbeit experimentell ermittelten Daten auf ihre Tauglichkeit geprüft. Der Fehler des Modells gegenüber dem experimentellen Wert wurde nach folgender Gleichung für jeden Schwammtyp berechnet:

$$relativer\ Fehler = \frac{\left|\lambda_{Lit} - \lambda_{exp}\right|}{\lambda_{exp}} \tag{6.1}$$

Tab. 6.2 gibt einen Überblick über den so durchgeführten Vergleich. Es sind der maximale sowie der mittlere Fehler für jeden Schwammtyp aufgelistet, wobei sich letzterer aus dem arithmetischen Mittel je Material berechnet. Der maximale Fehler variiert zwischen 22 % und 178 %, der mittlere Fehler zwischen 12 % und 82 %. Diese Analyse zeigt, dass in der gängigen Literatur keine anwendbaren Modelle für keramische Schwämme existieren.

Tab. 6.2: mittlerer und maximaler relativer Fehler der Literaturmodelle bei der Anwendung auf die experimentellen Werte der in dieser Arbeit untersuchten Probenkörper

Modell	Material	maximaler rel. Fehler	mittlerer rel. Fehler
Abramenko et al., 1999	Al_2O_3	62 %	23 %
	OBSiC	60 %	38 %
	Mullit	178 %	82 %
Singh und Kasana, 2004	Al_2O_3	44 %	41 %
	OBSiC	63 %	57 %
	Mullit	22 %	12 %
Bhattacharya et al., 2002	Al_2O_3	27 %	25 %
	OBSiC	60 %	56 %
	Mullit	39 %	29 %
Paek et al., 2000	Al_2O_3	133 %	56 %
	OBSiC	46 %	27 %
	Mullit	152 %	61 %
Boomsma und Poulikakos, 2001	Al_2O_3	39 %	36 %
	OBSiC	66 %	63 %
	Mullit	38 %	28 %

6.1.2 Mathematische Grundlagen zur Berechnung der Zweiphasen-Ruhewärmeleitfähigkeit

Die Berechung der Zweiphasen-Ruhewärmeleitfähigkeit erfolgte über die Bilanzierung von axialen und radialen Wärmeströmen mit Hilfe eines expliziten Differenzenverfahrens in Zylinderkoordinaten. Grundlage ist dabei die integrale Form des Fourier'schen Gesetzes:

$$\dot{Q} = A \cdot \lambda_{2ph,0} \cdot \left(T_1 - T_2\right) \tag{6.2}$$

Folgende Annahmen wurden für die Umsetzung der Auswerteroutine getroffen:
- Rotationssymmetrie: 2D-Formulierung der Wärmestrombilanzen
- Radiärsymmetrie: $\dfrac{\partial T}{\partial r} = 0$ auf der Mittelachse des Versuchsaufbaus

- Wärmeübergangswiderstände zwischen den Platten und den Teflon-scheiben sind aufgrund des Anpressdrucks und der ebenen Fläche vernachlässigbar.
- In der Luftkammer zwischen Stahlmantel und Teflonzylinder (vgl. Versuchsaufbau in Abb. 6.1) ist der Einfluss von Strahlung zu berücksichtigen.
- Im betrachteten Temperaturintervall bis 100 °C sind die Stoffwerte der Vergleichsstücke und der Isolierung temperaturunabhängig.
- Freie Konvektion im Schwamm kann infolge der horizontalen Lage des Versuchsaufbaus vernachlässigt werden.

Die explizite Formulierung der Wärmestrombilanzen kann im Anhang Kap. 9.6 nachgeschlagen werden.

6.1.3 Experimentelle Vorgehensweise

6.1.3.1 Zweiplattenapparatur

Abb. 6.1 zeigt den in dieser Arbeit verwendeten Versuchsaufbau. Grundlegend orientiert sich der Versuchsaufbau an Experimenten mit Kugelschüttungen, die in der Literatur dokumentiert sind (Ofuchi und Kunii, 1965; Cybulski et al., 1975; Masamune und Smith, 1963). Er besteht aus je einer wasserdurchströmten Heiz- (1) und Kühlplatte (2), über die ein definierter axialer Temperaturgradient realisiert wird. Die Schwammprobe (4) ist zwischen zwei Referenzstücken aus Teflon (3) mit genau bekannten Stoffeigenschaften eingepresst. Das Temperaturfeld zwischen den beiden Platten wird über Thermoelemente (Typ T, 0,5 mm Durchmesser, Electronic Sensor, (5)) in den Referenzstücken an jeweils drei definierten axialen Positionen auf der Mittelachse sowie an der radialen Position von 40 mm (ausgehend vom Mittelpunkt) ermittelt. Zu Kontrollzwecken ist im Schwamm zusätzlich an zwei axialen Positionen jeweils ein Thermoelement eingebracht. Ausgelesen werden die Thermoelemente über eine PCI-Karte und einer Steckplatine mit integrierter elektronischer Vergleichsstelle (PCI-DAS-TC, Measurement Computing).

Zur Reduktion von Wärmeverlusten und damit Vermeidung eines starken Temperaturabfalls zum Rand der Messkolonne hin sind die Schwammprobe und die Referenzstücke in einen 7 mm dicken Styrodur- (6) und einen 8 mm dicken Teflonhohlzylinder (7) eingepasst. Dieser Versuchsaufbau ist schließlich von einem 2 mm dicken Edelstahlhohlzylinder (10) umschlossen, so dass als weitere Isolationsschicht eine Luftkammer mit 15 mm Dicke (8) entsteht. Der Flächenkontakt zwischen der Schwammprobe, den Referenzstücken und den Platten wird durch eine Verspannung mit Hilfe von vier am Umfang symmetrisch verteilten Gewindestangen und Federn gewährleistet. Die Dichtigkeit der Luftkammer nach außen hin ist durch den Einsatz von O-Ringen (9) auf beiden Seiten der Isolationsschichten realisiert. Um kleine Unebenheiten auf der Oberfläche des Schwammes auszugleichen sowie den Kontaktwiderstand zwischen Schwamm und Referenzstück zu minimieren, ist zwischen Schwamm und Referenzstück jeweils eine dünne Lage Kupferwolle (< 1 mm) eingebracht. Die gesamte Versuchsanlage ist horizontal auf dem Versuchstisch platziert, so dass der Wärmestrom senkrecht zur Schwerkraft gerichtet war. Dadurch kann der Effekt der freien Konvektion innerhalb des Schwammes auf die Zweiphasen-Ruhewärmeleitfähigkeit ausgeschlossen werden.

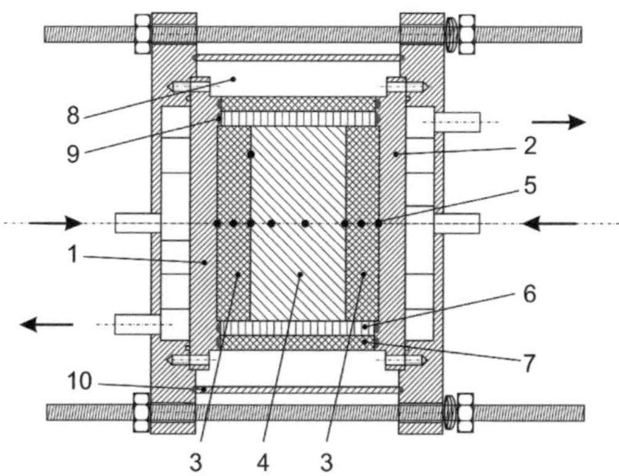

Abb. 6.1: Zweiplattenapparatur zur Bestimmung der Zweiphasen-Ruhewärmeleitfähigkeit: 1-heiße Platte, 2-kalte Platte, 3-Referenzscheibe (Teflon), 4-Schwammprobe, 5-Thermoelemente, 6-Styrodurhohlzylinder, 7-Teflonhohlzylinder, 8-Luftkammer, 9-O-Ringe, 10-Stahlhohlzylinder

6.1.3.2 Versuchsdurchführung

Nach Einbau der Schwammprobe und handfestem Andrehen der Gewindestangen wurde die Versuchsapparatur horizontal aufgestellt und ein Temperaturunterschied zwischen der Heiz- und Kühlplatte von 20 K eingestellt, so dass maximal ein Temperaturgradient von 7 K über den Schwamm entstand. Nach Erreichen von stationären Bedingungen wurde das Temperaturfeld ermittelt und die Daten abgespeichert. Auf diese Weise wurden anschließend mehrere Temperaturniveaus zwischen 20 °C und 100 °C realisiert.

6.1.4 Experimentelle Ergebnisse[7]

Die Umsetzung des expliziten Differenzenverfahrens zur Anpassung der Zwei-phasen-Ruhewärmeleitfähigkeit anhand von Wärmestrombilanzen erfolgte mit Hilfe des kommerziellen Softwarepaketes Matlab (Gleichungen siehe Kap. 9.6). Für die Auswertung wurde eine Diskretisierungslänge von 1 mm gewählt. Aus Vorversuchen wurde ersichtlich, dass eine weitere Verkleinerung der Diskretisierungslänge keine Verbesserung der Rechengenauigkeit ergibt. Die Bestimmung des in den Wärmestrombilanzen einzigen unbekannten Parameters (Zweiphasen-Ruhewärmeleitfähigkeit) erfolgte über die Anpassung des berechneten an das experimentell bestimmte Temperaturfeld. Als Abbruch-kriterium wurde eine Temperaturabweichung von 0,1 K zwischen berechneter und experimentell ermittelter Temperatur gewählt, da die Genauigkeit der Thermoelemente im Bereich von ± 0,15 K liegt.

In Abb. 6.2 und Abb. 6.3 sind die auf diese Weise experimentell ermittelten Zweiphasen-Ruhewärmeleitfähigkeiten für Schwämme aus Al_2O_3, Mullit und OBSiC in Abhängigkeit der Temperatur bis 100 °C bei konstanter Porosität (± 1,5 %) dargestellt. Die jeweilige Temperatur zum Messwert entspricht dem arithmetischen Mittel der beiden Oberflächentemperaturen der Referenzscheiben aus Teflon. Für alle drei Materialien konnte keine eindeutige Abhängigkeit der Zweiphasen-Ruhewärmeleitfähigkeit von der Zellgröße/ ppi-Zahl festgestellt werden. Die Varianz der Werte ist durch minimale Schwankungen der Porosität sowie durch die Fehlertoleranz der Messmethode, die in etwa bei 15 % liegt, zu erklären. Diese Beobachtung korrespondiert mit den Ergebnissen für metallische Schwämme von Bhattacharya et al. (2002) und Paek et al. (2000), die ebenfalls keine signifikante Abhängigkeit von der Zellgröße bei konstanter Porosität festgestellt haben. Die Temperatur-abhängigkeit der Zweiphasen-Ruhewärmeleitfähigkeit kann dabei im betrachteten Temperaturintervall vernachlässigt werden. Zum Vergleich sind in den Abb. 6.2 und Abb. 6.3 den ermittelten Zweiphasen-Ruhewärmeleit-fähigkeiten für keramische Schwämme die Wärmeleitfähigkeit von Luft gegen-übergestellt (Daten entnommen aus dem VDI-Wärmeatlas, Abschnitt Dbb, 2006). Es zeigt sich, dass die keramischen Schwämme trotz der hohen Porosität eine deutlich höhere Zweiphasen-Ruhewärmeleitfähigkeit besitzen als Luft.

---

[7] Die Ergebnisse sind im Int. J. Heat Mass Transfer 53 (1), 198-205, 2010 publiziert.

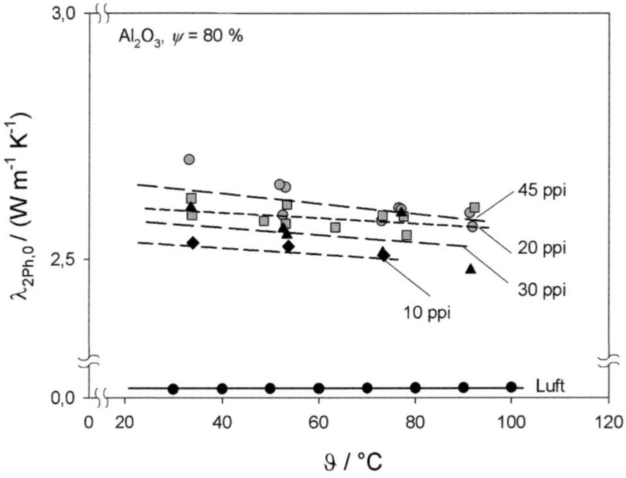

Abb. 6.2: experimentell ermittelte Zweiphasen-Ruhewärmeleitfähigkeiten für Schwämme aus Al$_2$O$_3$ bei verschiedenen ppi-Zahlen und konstanter Porosität (ψ = 80 %), die Werte von Luft sind dem VDI-WA, Abschnitt Dbb (2006) entnommen

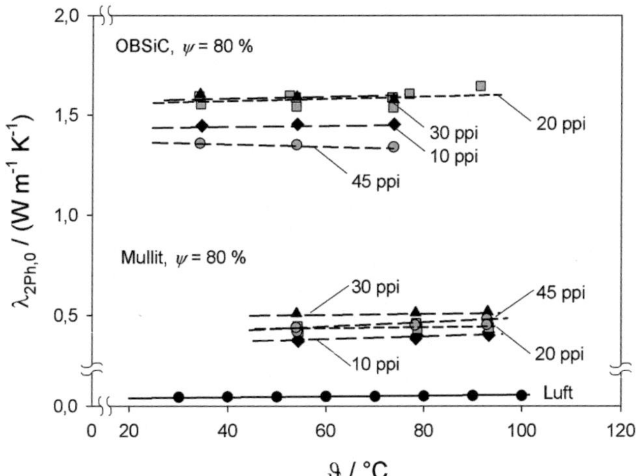

Abb. 6.3: experimentell ermittelte Zweiphasen-Ruhewärmeleitfähigkeiten für Schwämme aus Mullit und OBSiC bei verschiedenen ppi-Zahlen und konstanter Porosität (ψ = 80 %), die Werte von Luft sind dem VDI-WA, Abschnitt Dbb (2006) entnommen

In Abb. 6.4 sind die experimentellen Ergebnisse unter Variation der Porosität bei konstanter ppi-Zahl (20 ppi) als Funktion der Temperatur beispielhaft für Schwämme aus Al_2O_3 gezeigt. Im Gegensatz zur ppi-Zahl hat die Porosität einen großen Einfluss auf die absolute Größe der Zweiphasen-Ruhewärmeleitfähigkeit. Im Unterschied zu Decker et al. (2002) folgt hier die Abhängigkeit von der Porosität einem physikalisch begründeten Zusammenhang. Je höher die Porosität des Schwammes ist, desto weniger Feststoff besitzt das Feststoffgerüst, welches gegenüber dem Fluid besser leitend ist. Demnach muss mit steigender Porosität die Zweiphasen-Ruhewärmeleitfähigkeit abnehmen. Die Beobachtungen entsprechen erneut denen von Bhattacharya et al. (2002) und Paek et al. (2000).

Absolut ergaben sich als arithmetischer Mittelwert über alle ppi-Zahlen folgende Zweiphasen-Ruhewärmeleitfähigkeiten für die hier untersuchten Schwämme:

- Al_2O_3: 3,2 W m^{-1} K^{-1} ($\psi = 75$ %), 2,6 W m^{-1} K^{-1} ($\psi = 80$ %) bzw. 1,9 W m^{-1} K^{-1} ($\psi = 85$ %)
- OBSiC: 2,0 W m^{-1} K^{-1} ($\psi = 75$ %), 1,5 W m^{-1} K^{-1} ($\psi = 80$ %) bzw. 1,0 W m^{-1} K^{-1} ($\psi = 85$ %)
- Mullit: 0,6 W m^{-1} K^{-1} ($\psi = 75$ %), 0,4 W m^{-1} K^{-1} ($\psi = 80$ %) bzw. 0,3 W m^{-1} K^{-1} ($\psi = 85$ %).

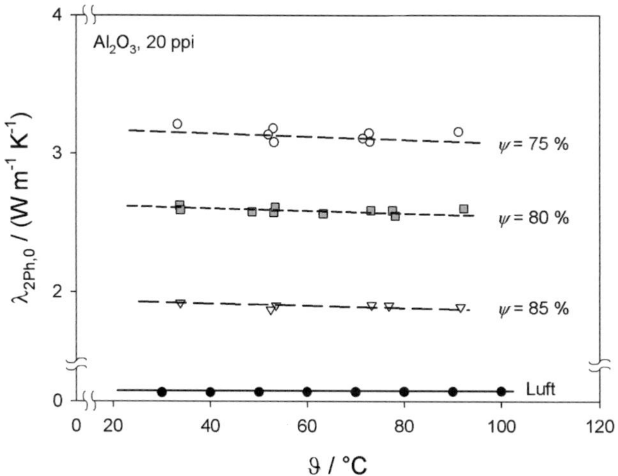

Abb. 6.4: experimentell ermittelte Zweiphasen-Ruhewärmeleitfähigkeiten für Schwämme aus Al_2O_3 bei konstanter ppi-Zahl (20 ppi) und verschiedenen Porositäten, die Werte von Luft sind dem VDI-WA, Abschnitt Dbb (2006) entnommen

Zur Validierung der Messmethode und Messwerte wurde exemplarisch für einen OBSiC-Schwamm (20 ppi) eine Auftragsmessung am Fraunhofer Institut für Fertigungstechnik und angewandte Materialforschung, Abteilung Leichtbaustrukturen, in Bremen bei Raumtemperatur durchgeführt. Es ergab sich ein Wert von 1,36 W m^{-1} K^{-1} für eine Schwammprobe mit einer Porosität von 80,4 % gegenüber 1,56 W m^{-1} K^{-1} für die Schwammprobe mit 79,2 % Porosität, welche mit der hier zum Einsatz gebrachten Zweiplattenapparatur untersucht wurde. Der Vergleich zeigt eine im Rahmen der Messungenauigkeit sehr gute Übereinstimmung.

6.1.5 Entwicklung einer Korrelation

Im VDI-Wärmeatlas, Abschnitt Dee (2006) wird bei der Modellbildung für Schüttungen zwischen drei Modelltypen unterschieden: I analytische Modelle, II Kombination von Widerständen, III Modelle mit zu Grunde liegender Einheitszelle. Eine für die Praxis leicht handhabbare Modellbildung folgt Typ II. Für Schüttungen konnte hierbei das Plattenmodell nach Krischer (VDI Wärmeatlas, Abschnitt Dee, 2006) bereits erfolgreich angewendet werden. Als Grenzfälle werden dabei die Serienschaltung der Reinstoff-Wärmeleitfähigkeiten als Minimalwert und die Parallelschaltung als Maximalwert für die Zweiphasen-Ruhewärmeleitfähigkeit beschrieben:

$$\text{Serienschaltung:} \quad \lambda_{seriell} = \frac{1}{\psi / \lambda_f + (1 - \psi)/\lambda_s} \qquad (6.3)$$

$$\text{Parallelschaltung:} \quad \lambda_{parallel} = \psi \cdot \lambda_f + (1 - \psi) \cdot \lambda_s \qquad (6.4)$$

Eine graphische Darstellung der Grenzfälle findet sich in Abb. 6.5 (a) und (b) wieder. Im Modell nach Krischer werden diese beiden Grenzfälle wiederum über eine Serienschaltung miteinander verknüpft (vgl. Abb. 6.5 (c)):

$$\text{Krischer:} \quad \lambda_{2Ph,0} = \frac{1}{a / \lambda_{seriell} + (1 - a)/\lambda_{parallel}} \qquad (6.5)$$

a stellt hier einen Anpassungsparameter dar und wurde beispielsweise für Kugelschüttungen zu $a = 0{,}2$ ermittelt (VDI Wärmeatlas, Abschnitt Dee, 2006). Dieser Ansatz der Kombination der Grenzfälle mit Hilfe einer Serienschaltung scheint für Schüttungen sinnvoll, da zwischen zwei Schüttungskörpern Punktkontakt und damit ein Kontaktwiderstand herrscht. Bei Schwämmen hingegen bildet das Feststoffgerüst eine kontinuierliche Phase, weshalb hier eine Parallel-schaltung der Grenzfälle gewählt wurde (vgl. Abb. 6.5 (d)):

Schwamm: $\qquad \lambda_{2Ph,0} = b \cdot \lambda_{seriell} + (1 - b) \cdot \lambda_{parallel}$ $\qquad$ (6.6)

b ist wiederum ein Anpassparameter. $b = 0$ steht dabei für eine Parallel-schaltung, $b = 1$ für eine Serienschaltung der Reinstoff-Wärmeleitfähigkeiten.

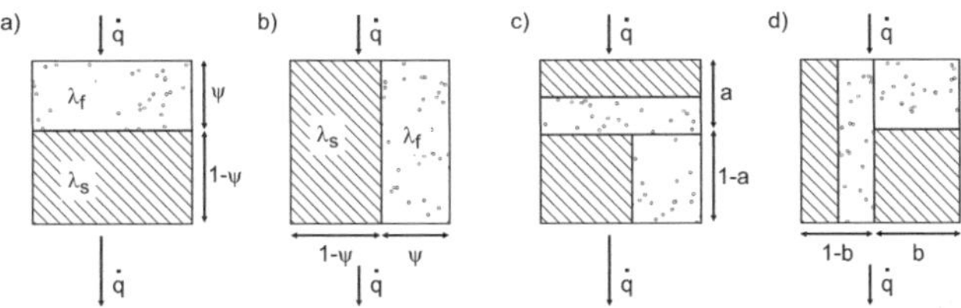

Abb. 6.5: Korrelation der Zweiphasen-Ruhewärmeleitfähigkeit: (a) Serienschaltung der Feststoff- und Fluidwärmeleitfähigkeit, (b) Parallelschaltung der Feststoff- und Fluid-wärmeleitfähigkeit, (c) Kombination der Grenzfälle als Serienschaltung (Schüttungen), (d) Kombination der Grenzfälle als Parallelschaltung (Schwämme)

Typischerweise werden die Grenzfälle und die korrelierten Ergebnisse in einem Diagramm aus Quotient der „Zweiphasen-Ruhewärmeleitfähigkeit und der Fluidwärmeleitfähigkeit" gegen die Porosität entdimensioniert dargestellt (vgl. Abb. 6.6). Die für die Berechnung der Grenzfälle notwendige Wärmeleit-fähigkeit von Luft wurde dem VDI-Wärmeatlas, Abschnitt Dbb (2006) entnommen. Die Wärmeleitfähigkeit des Feststoffgerüstes ist aus Tab. 3.8 zu entnehmen. In Abb. 6.6 ist ein Vergleich der korrelierten mit den experimentell ermittelten Zweiphasen-Ruhewärmeleitfähigkeiten exemplarisch für Al_2O_3-Schwämme gezeigt. Der Anpassungsparameter b wurde mit Hilfe der Methode der Fehlerquadratminimierung (RMSD-Minimierung) über alle Schwammtypen zu $b = 0{,}54$ ermittelt. Dieser Anpassungsparameter ist analog zum Krischer-Modell eine Art Strukturparameter und damit materialunabhängig. Er ist somit gültig für alle Schwammtypen.

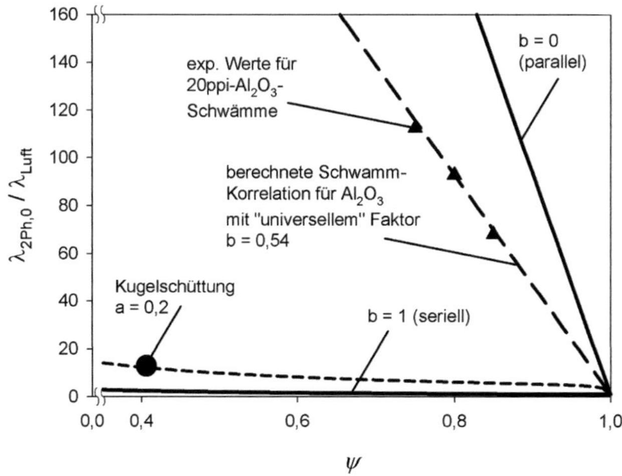

Abb. 6.6: Vergleich der experimentell ermittelten Zweiphasen-Ruhewärme-leitfähigkeiten für Al$_2$O$_3$-Schwämme (20 ppi) mit den nach der „universellen" Korrelation berechneten Zweiphasen-Ruhewärmeleitfähigkeiten für keramische Schwämme

In Tab. 6.3 ist der relative Fehler (bezogen auf die experimentellen Werte) zwischen den nach der Korrelation (Gleichung 6.6) berechneten und den experimentellen Werten für alle Schwammtypen aufgelistet. Für Al$_2$O$_3$-Schwämme ergaben sich ein maximaler relativer Fehler von 4,3 % und ein mittlerer relativer Fehler von 3,1 %, für Mullit 17,2 % bzw. 9,5 % und für OBSiC 45,2 % bzw. 40,5 %. Wie bereits in Kap. 3.1.2.3 erklärt, ergab sich bei den OBSiC Replicas zur Bestimmung der Feststoffwärmeleitfähigkeit infolge des Mahlprozesses eine Verkleinerung der SiC-Splitter und damit auch der Korngrößen. Wie beschrieben, stellte das hier verwendete Replica dennoch den bestmöglichen Kompromiss dar. Diese Aspekte dürften zu einer experimentell geringeren als tatsächlich für die Schwammstege vorhandene Feststoffwärme-leitfähigkeit geführt haben. Darin dürfte demnach auch die hohe Fehlerquote (vgl. Tab. 6.3) begründet sein. Bereits eine kleine Erhöhung der Feststoffwärme-leitfähigkeit auf 10 W m^{-1} K^{-1} reduziert den mittleren Fehler auf 32 %. Nach der Korrelation würde ein minimaler Fehler für eine Feststoffwärmeleitfähigkeit von 15 W m^{-1} K^{-1} erreicht werden.

Im Vergleich mit den relativen Fehlern der bereits in der Literatur existierenden Modelle (vgl. Tab. 6.2) liefert die in dieser Arbeit entwickelte Korrelation deutlich geringere Fehler. Die Korrelation ist demnach gut anwendbar und gültig für keramische Schwämme im Porositätsbereich zwischen 75 % und 85 %.

Tab. 6.3: auf den experimentellen Wert bezogener relativer Fehler der Korrelation (Gleichung 6.6) gegenüber den experimentell ermittelten Zweiphasen-Ruhewärmeleitfähigkeiten für Schwämme aus Al_2O_3, Mullit und OBSiC

$\psi_{Hersteller}$	ppi	Al_2O_3 $\lambda_s = 26{,}8\,\frac{W}{mK}$	Mullit $\lambda_s = 3{,}99\,\frac{W}{mK}$	OBSiC $\lambda_s = 8{,}73\,\frac{W}{mK}$	OBSiC $\lambda_s = 15\,\frac{W}{mK}$
75 %	20	4,3 %	17,2 %	45,2 %	6,9 %
80 %	10	1,9 %	15,4 %	38,2 %	4,8 %
	20	3,7 %	7,0 %	44,9 %	6,7 %
	30	0,4 %	12,2 %	44,8 %	6,5 %
	45	4,1 %	2,4 %	34,6 %	10,8 %
85 %	20	4,3 %	2,7 %	35,6 %	8,6 %

In Abb. 6.6 ist weiterhin ein Vergleich zu Kugelschüttungen aufgezeigt. Als Berechnungsgrundlage wurde das Krischer-Modell (Gleichung 6.5) mit $a = 0{,}2$ sowie einer für technische Kugelschüttungen üblichen Porosität von 40 % verwendet (VDI Wärmeatlas, Abschnitt Dee, 2006). Der Vergleich zeigt, dass Schwämme gegenüber Kugelschüttungen gleichen Materials trotz der doppelt so hohen Porosität die Wärme bis zu einem Faktor zehn besser leiten. Begründet ist dies im bei Kugelschüttungen vorhandenen Punktkontakt-wärmetransportwiderstand zwischen den einzelnen Partikeln.

6.2 Axiale Zweiphasen-Wärmeleitfähigkeit

Die axiale Zweiphasen-Wärmeleitfähigkeit beschreibt die Wärmeleitung des Schwammes (betrachtet als kontinuierliche Phase) in Strömungsrichtung. Meist kann jedoch der Anteil an Energie, der durch molekulare Wärmeleitung transportiert wird, gegenüber dem Anteil, der durch die Strömung transportiert wird, vernachlässigt werden. Bei kleinen Strömungsgeschwindigkeiten beispielsweise gilt dies jedoch nicht und der Wärmeleitungsterm muss in der Energiebilanz berücksichtigt werden (VDI Wärmeatlas, Abschnitt Mh, 2006).

6.2.1 Stand des Wissens

In der Vergangenheit wurden zahlreiche Arbeiten zur Bestimmung der axialen Zweiphasen-Wärmeleitfähigkeit von Schüttungen aus Kugeln, Raschig-Ringen

Zylindern, usw. durchgeführt (Yagi et al., 1960; Vortmeyer und Adam, 1984; Votruba et al., 1972; Edwards und Richardson, 1968; Schlünder und Tsotsas, 1988). Die dort experimentell ermittelten Daten wurden meist mit Hilfe eines Ansatzes ähnlich dem von Yagi et al. (1960) korreliert (vgl. Tab. 6.4). Demnach setzt sich die Korrelation für die axiale Zweiphasen-Wärmeleitfähigkeit additiv aus zwei Teilen zusammen. Der erste Summand beschreibt die Wärmeleitung bei stagnierender Fluidschicht und ist mit der Zweiphasen-Ruhewärmeleitfähigkeit zu identifizieren. Dieser Term ist feststoffdominiert (vgl. Kap. 6.1). Der zweite Summand beschreibt den Einfluss der Strömung auf die axiale Zweiphasen-Wärmeleitfähigkeit.

Für Schwämme konnten in der Literatur lediglich drei Arbeiten zur experimentellen Bestimmung der axialen Zweiphasen-Wärmeleitfähigkeit gefunden werden. Pan et al. (2002) zeigt einige wenige experimentelle Daten für 10 ppi-Schwämme aus Al_2O_3, SiC und $ZrO_2/Al_2O_3/SiO_2$. Dabei liegen die absoluten Werte aller Schwämme ähnlich bei einander, ein eindeutiger Trend der axialen Zweiphasen-Wärmeleitfähigkeit von der Leerrohrgeschwindigkeit bis ca. 0,6 m s^{-1} ist nicht erkennbar. Eine Korrelation der Messdaten wurde nicht durchgeführt. Decker et al. (2002) hingegen untersuchten Schwämme aus Cordierit ($\psi = 76\,\%$, 81 %; 20 ppi), CB-SiC ($\psi = 76\,\%$, 81 %; 10, 20, 45 ppi) und SSiC ($\psi = 76\,\%$; 10, 20, 45 ppi). Die Daten wurden nach dem im VDI Wärmeatlas, Abschnitt Mh (2006) beschriebenen Modell ausgewertet (vgl. Tab. 6.4). Die dabei angepassten Werte für den axialen Dispersionskoeffizienten K_{ax} zeigen keine eindeutige Abhängigkeit von der ppi-Zahl respektive vom hydraulischen Durchmesser. Im Falle der CB-SiC-Schwämme ist K_{ax} für alle ppi-Zahlen konstant, während für Schwämme aus SSiC eine deutliche Varianz mit der Zellgröße zu verzeichnen ist. Die Abhängigkeit der axialen Zweiphasen-Wärmeleitfähigkeit von der Leerrohrgeschwindigkeit kann anhand der im DFG-Bericht abgedruckten Angaben und Daten nicht nachvollzogen werden. Auch die Beschreibung der verwendeten Messtechnik zur Erfassung des Temperaturfeldes in der Versuchsapparatur bzw. im Schwamm wirft einige kritische Fragen auf. Anzuzweifeln sind zum einen die Realisierung der 0,5 mm-Bohrung in einem Keramikschwamm und zum anderen die präzise Positionierung des Thermoelements im Schwamm, ohne dass dieses beim Einführen in radial gesetzte Bohrungen abknickt. Sowohl bei Decker at al. (2002) als auch bei Pan et al. (2002) erscheint die numerische Anpassung der axialen Zweiphasen-Wärmeleitfähigkeit im homogenen Modell an die experimentellen Daten als problematisch, da bei beiden eine nicht-adiabate Versuchsdurchführung gewählt wurde. Zur Auswertung musste demnach auch die radiale Zweiphasen-Wärmeleitfähigkeit bekannt sein. In beiden Arbeiten wurde diese gleichzeitig mit der axialen Zweiphasen-Wärmeleitfähigkeit angepasst, wodurch diese Anpassung einen Freiheitsgrad zu viel aufweisen dürfte. Peng und Richardson (2004) verwendeten für ihre Experimente lediglich einen 30 ppi-Al_2O_3-Schwamm mit $\psi = 87{,}4\,\%$. Der Vergleich der gemessenen mit den berechneten Temperaturen zeigt eine sehr gute Übereinstimmung. Leider sind jedoch keine absoluten Werte der axialen Zweiphasen-Wärmeleitfähigkeit als Funktion der Leerrohrgeschwindigkeit (untersuchter Volumenstrombereich: 0,5-7,5 SLPM) aufgelistet, so dass eine Überprüfung der in der Veröffentlichung angegebenen Korrelation nicht möglich war.

Aus der Literaturrecherche folgt demnach, dass für Schwämme bisher keine Untersuchungen durchgeführt wurden, die gesicherte und sinnvolle Abhängigkeiten von Material, ppi-Zahl, Porosität und der Leerrohrgeschwindigkeit abbilden. Die bisherigen Experimente wurden entweder an einem einzelnen Schwammtyp durchgeführt oder aber die axiale Zweiphasen-Wärmeleitfähigkeit in der Auswertung mit zu vielen Freiheitsgraden angepasst. Auch gibt es bisher für Schwämme noch keine Korrelation, welche die oben aufgezählten Variationsparameter berücksichtigt.

Tab. 6.4: in der Literatur vorhandene Korrelationen zur Vorausberechnung der axialen Zweiphasen-Wärmeleitfähigkeit für Schüttungen und Schwämme

Ref.	Korrelation zur Berechnung von $\lambda_{2Ph,ax}$	Testsystem
[1]	$\dfrac{\lambda_{2Ph,ax}}{\lambda_f} = \dfrac{\lambda_{2Ph,0}}{\lambda_f} + \delta \cdot Re \cdot Pr$ $\delta = 0{,}7$ für Stahl, Porzellan $\delta = 0{,}8$ für Glas, Kalkstein gültig für $1 < Re < 50$	Glas- und Stahlkugeln, Kalksteinbruchstücke, Porzellan-Raschig-Ringe $0{,}9\,\text{mm} < d_p < 9\,\text{mm}$
[2]	$\dfrac{\lambda_{2Ph,ax}}{\lambda_f} = \dfrac{\lambda_{2Ph,0}}{\lambda_f} + \dfrac{14{,}5 \cdot Re \cdot Pr}{d_p\big/\text{mm} \cdot \left(1 + \left(C/(Re \cdot Pr)\right)\right)}$ C wird im Experiment angepasst, gültig für $0{,}1 < Re < 1000$	Aluminium-, Eisen-, Glas-Kugeln, Sand, Raschig-Ringe $0{,}45\,\text{mm} < d_p < 6{,}5\,\text{mm}$
[3]	$\dfrac{\lambda_{2Ph,ax}}{\lambda_f} = \dfrac{\lambda_{2Ph,0}}{\lambda_f} + \dfrac{0{,}5}{1 + \psi \cdot \beta/(Re \cdot Pr)}$ $\beta = 9{,}7$ für Luft, gültig für $0{,}008 < Re < 50$	$0{,}337\,\text{mm} < d_p < 6\,\text{mm}$

[4]	$\dfrac{\lambda_{2Ph,ax}}{\lambda_f} = \dfrac{\lambda_{2Ph,0}}{\lambda_f} + \dfrac{1}{\kappa} \cdot \dfrac{k \cdot u_0}{1 + p \cdot u_0}$ p und k werden im Experiment angepasst, gültig für $0{,}1 < Re < 20$	Bronze-/ Stahl-/ Poly-amid-/ Glas-Kugeln $2{,}5\,\text{mm} < d_p < 10\,\text{mm}$
[5]	$\dfrac{\lambda_{2Ph,ax}}{\lambda_f} = \dfrac{\lambda_{2Ph,0}}{\lambda_f} + \dfrac{1}{\kappa} \cdot \dfrac{u_0 \cdot l}{K_{ax}}$ K_{ax} ist der axiale Dispersionskoeffizient und wird im Experiment angepasst	
[6]	$\dfrac{\lambda_{2Ph,ax}}{\lambda_f} = C_1 \cdot \dfrac{4 \cdot \varepsilon \cdot \sigma}{S_v \cdot \lambda_f} \cdot T^3 + C_2 \cdot Re$ $\varepsilon = 0{,}2$ und $\sigma = 5{,}67 \cdot 10^{-8}\,\dfrac{\text{W}}{\text{m}^2\text{K}}$ C_1 und C_2 werden im Experiment angepasst, gültig für $5{,}4 < Re < 45{,}5$	Al$_2$O$_3$-Schwamm 30 ppi $\psi = 87{,}4\,\%$
[7]	$\dfrac{\lambda_{2Ph,ax}}{\lambda_f} = \dfrac{\lambda_{2Ph,0}}{\lambda_f} + \dfrac{1}{\kappa} \cdot \dfrac{u_0 \cdot d_p}{K_{ax}}$ K_{ax} ist der axiale Dispersionskoeffizient und wird im Experiment angepasst	Cordierit-, CB-SiC-, SSiC-Schwämme, 10 - 45 ppi $\psi = 76\,\%,\ 81\,\%$

[1] Yagi et al., 1960; [2] Votruba et al., 1972; [3] Edwards und Richardson, 1968; [4] Vortmeyer und Adam, 1984; [5] VDI Wärmeatlas, Abschnitt Mh, 2006; [6] Peng und Richardson, 2004; [7] Decker et al., 2002

6.2.2 Theoretische Grundlagen

Zur Beschreibung des Wärmetransports wird in diesem Fall ein homogenes Modell verwendet. Dabei bildet der Schwamm, bestehend aus Feststoffgerüst und Fluid, in der Modellvorstellung eine kontinuierliche Phase. Die Stoffeigenschaften des Zweiphasensystems werden dabei nicht getrennt voneinander sondern durch eine einzige Größe beschrieben. Somit ist die Zweiphasen-Wärmeleitfähigkeit eine Superposition der Feststoff- und Fluidwärmeleitfähigkeit und damit abhängig vom Strömungszustand des Fluids. Die Annahme dieses Modells ist, dass Fluid und Feststoff stets an jeder Stelle dieselbe Temperatur besitzen. Vorteil des homogenen Modells ist es, dass Fluid- und Feststofftemperatur nicht getrennt voneinander bestimmt werden müssen, so dass der Wärmeübergangskoeffizient zwischen Fluid und Feststoff nicht bekannt sein muss (Schlünder und Tsotsas, 1988). Die Gültigkeit des Modells ist bei stationären Bedingungen solange gegeben, bis die erste und die zweite

Ableitung der Feststoff- und Fluidtemperaturen nach der axialen Ortskoordinate nicht mehr identisch sind (Yagi et al., 1960, vgl. Gleichung 6.7).

$$\frac{\partial T_f}{\partial z} \neq \frac{\partial T_s}{\partial z} \quad \text{und} \quad \frac{\partial^2 T_f}{\partial z^2} \neq \frac{\partial^2 T_s}{\partial z^2} \tag{6.7}$$

Für den Wärmetransport im homogenen Modell bei moderaten Temperaturen ergibt sich aus der Energiebilanz unter der Annahme konstanter Stoffwerte (insbesondere der Zweiphasen-Wärmeleitfähigkeit) folgende Differentialgleichung für ein differentielles Volumenelement des Schwammes in Zylinderkoordinaten (Formulierung mit z-Achse entgegen gesetzt der Strömungsrichtung):

$$\left[(1-\psi) \cdot \rho_s \cdot c_{p,s} + \psi \cdot \rho_f \cdot c_{p,f}\right] \cdot \frac{\partial T}{\partial t} = \lambda_{2Ph,r} \cdot \left(\frac{1}{r} \cdot \frac{\partial T}{\partial r} + \frac{\partial^2 T}{\partial r^2}\right) +$$
$$+ \lambda_{2Ph,ax} \cdot \frac{\partial^2 T}{\partial z^2} - u_0 \cdot \rho_f \cdot c_{p,f} \cdot \frac{\partial T}{\partial z} \tag{6.8}$$

Zur Lösung der Differentialgleichung werden folgende Vereinfachungen getroffen:

- Stationarität

$$\rightarrow \frac{\partial T}{\partial t} = 0$$

- Vernachlässigung von Verlustwärmeströmen an die Umgebung (adiabate Wand)

$$\rightarrow \frac{\partial T}{\partial r} = 0 \quad \text{und} \quad \frac{\partial^2 T}{\partial r^2} = 0$$

Wie in Abb. 6.7 gezeigt, ist infolge des nach außen gut isolierten Versuchsaufbaus die Annahme der adiabaten Wand auf Grund eines ausgeglichenen Temperaturprofils über den Radius gerechtfertigt.

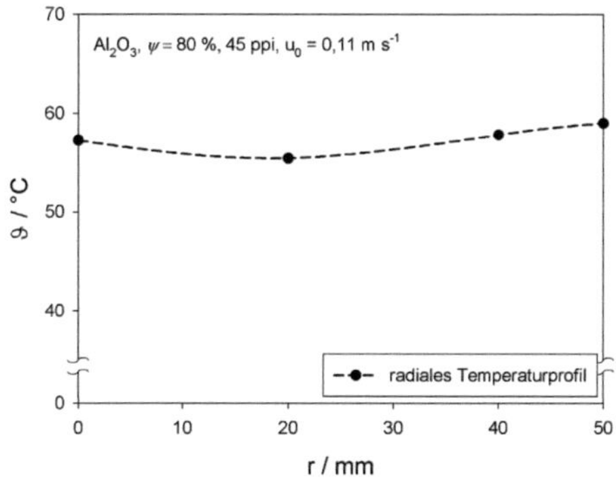

Abb. 6.7: radiales Temperaturprofil, exemplarisch für einen Al₂O₃-Schwamm (ψ = 80 %, 45 ppi) und einer Leerrohrgeschwindigkeit von 0,11 m s⁻¹

Mit Hilfe dieser Annahmen kann die Differentialgleichung (Gleichung 6.8) einfach integriert werden, so dass sich folgende analytische Lösung ergibt:

$$\theta = \frac{T - T_{ein}}{T_{aus} - T_{ein}} = \exp\left(-\frac{\rho_f \cdot c_{p,f} \cdot u_0 \cdot z}{\lambda_{2Ph,ax}}\right) \tag{6.9}$$

6.2.3 Experimentelle Vorgehensweise

6.2.3.1 Versuchsaufbau

In Abb. 6.8 ist der zur Bestimmung der axialen Zweiphasen-Wärmeleitfähigkeit verwendete Versuchsaufbau schematisch abgebildet. Der Aufbau und die Realisierung der Versuche ist an Untersuchungen zu Kugelschüttungen nach Yagi et al. (1960) orientiert. Der Strömungskanal ist vertikal positioniert. Die Luft durchströmt den Schwamm von unten nach oben. Zur präzisen Einstellung von Leerrohrgeschwindigkeiten bis zu 0,44 m s⁻¹ wurde ein Mass-Flow-Controller (Typ 1579A01322LM13V, MKS) mit Druckluft aus dem Universitätsnetz betrieben (1a). Für größere Leerrohrgeschwindigkeiten bis 1,1 m s⁻¹ wurde das bereits für die Druckverlustversuche verwendete regelbare Gebläse (SD 24, Leister Klappenbach, (1b)) mit anschließender Blenden-messstrecke (MBL500F, Dosch Messapparate) und integriertem Differenzdruck-messer (Deltabar S, Endress+Hausser) zur Bestimmung des Volumenstroms verwendet (2). Über ein Dreiwegeventil (3) kann von der einen Zufuhrart auf die andere umgeschaltet werden. Die Luft durchströmt zunächst einen Strömungsmischer (Metallpackung (4)), um Vorzugsrichtungen zu eliminieren und ein Kolbenprofil der Strömung am Schwammeintritt zu realisieren. Anschließend gelangt die Luft in die Schwamm-Messstrecke (5). Diese wurde aus bis zu 400 °C temperaturbeständigem Borosilikatglas als Doppelwandrohr gefertigt, so dass im Doppelmantel während des Versuches ein Vakuum angelegt werden konnte. Der Probenkörper (7) wurde mit Hilfe von Karbonfolie (KU-CB 1220, Kunze) passgenau in die Messstrecke eingebaut. Um Einlaufeffekte der Strömung auf die Messergebnisse zu vermeiden, wurde ein typgleicher Schwamm der Höhe 30 mm vor dem zu untersuchenden Schwamm platziert (6). Die Beheizung des Schwammes erfolgte über eine oberhalb des Probenkörpers angebrachte 375 W starke Infrarotlampe (E27 SICCAI375W, Osram (10)), so dass der Schwamm entgegen der Strömungsrichtung beheizt wurde. Um eine zu starke Aufheizung des Glas-Doppelmantels durch direktes Anstrahlen der IR-Lampe zu vermeiden, wurde zwischen Infrarotlampe und Messstrecke eine Metallblende montiert (9).

Da die Infrarotlampe keine über die gesamte Anströmfläche des Schwammes konstante Temperatur liefert, wurden oberhalb des Schwammes Kupferkugeln mit einem Durchmesser von 2 mm in einer knapp 10 mm hohen Schicht aufgegeben (8). Dadurch konnte zum einen eine Vergleichmäßigung des Temperaturprofils erreicht und zum anderen ein direktes Anstrahlen der Thermoelemente vermieden werden. Beides hätte die Messwerte derart verfälscht, dass sie nicht oder nur schwer hätten interpretiert und korreliert werden können.

Die Erfassung des Temperaturfeldes in axialer Richtung geschah mit Hilfe von Thermoelementen (Typ T, 0,5 mm Durchmesser, Electronic Sensor) auf der Mittelachse des Schwammes. Dazu wurden 7 Thermoelemente auf Holz-stäbchen auf einer Länge von 35 mm mit Klebeband fixiert und anschließend in eine 3 mm dicke und 45 mm tiefe Bohrung eingesetzt. Zur Kontrolle der Annahme einer adiabaten Wand wurden zusätzlich bei r = 20 mm, r = 40 mm und an der Außenfläche in 10 mm Tiefe jeweils Thermoelemente installiert. Die Wahl der Temperaturerfassung mit Hilfe dieser Lanzen wurde deshalb getroffen, da Löcher von 0,5 mm Durchmesser auch mit Hilfe von Elektronen- oder Laserstrahlbohren nicht realisiert werden konnten. Mit Hilfe von kleinen Holzkeilen wurde die Lanze schließlich gegen Verrutschen gesichert. Über ein zusätzlich vor der Schwamm-Messstrecke installiertes Thermoelement wurde die Lufteintrittstemperatur ermittelt. Die Auswertung des Thermoelementsignals erfolgte über LabView und eine im Rechner installierte PCI-Karte mit zugehöriger Steckplatine (PCI DAS TC, Measurement Computing).

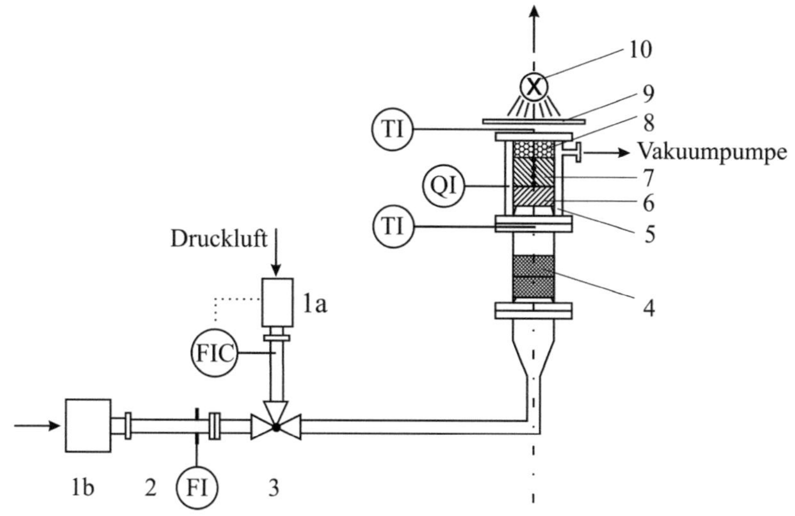

Abb. 6.8: **Fließbild des Versuchsaufbaus zur Bestimmung der axialen Zweiphasen-Wärmeleitfähigkeit: 1a–Mass-Flow-Controller, 1b–regelbares Gebläse, 2–Blenden-messstrecke, 3–Dreiwegeventil, 4–Strömungsmischer (Packungselement), 5–evakuier-bare Schwamm-Messstrecke, 6–dünne Schwammscheibe, 7–Schwammprobe, 8–Kupfer-kugel-Schüttung, 9–Blende, 10–IR-Lampe**

6.2.3.2   Versuchsdurchführung

Nach Einbau des Schwammes samt Thermoelemente, Anlegen des Vakuums und anschließendem Auffüllen der Kupferkugeln wurden der gewünschte Volumenstrom sowie die Infrarotlampe angeschaltet. Beginnend mit dem höchsten Volumenstrom wurden je Schwammtyp mindestens 5 verschiedene Volumenströme eingestellt und jeweils das Temperaturfeld im stationären Zustand (Dauer ca. 60 min) erfasst. Um repräsentative Ergebnisse zu erzielen, wurden je Schwammtyp zwei verschiedene Schwämme untersucht.

6.2.4   Experimentelle Ergebnisse

6.2.4.1   Vorgehen zur Auswertung der experimentellen Daten

Zur Auswertung der Temperaturverläufe im Schwamm wurde Gleichung 6.9 verwendet. Durch Auftragung der normierten Temperatur θ über der dimensionslosen axialen Koordinate ξ (Ortskoordinate z bezogen auf die

Distanz der beiden am weitesten entfernten Thermoelemente) kann über eine lineare Regression die axiale Zweiphasen-Wärmeleitfähigkeit aus der Steigung der Geraden berechnet werden. Abb. 6.9 zeigt beispielhaft das axiale Temperaturfeld für einen OBSiC–Schwamm (10 ppi, $\psi = 80\,\%$) für verschiedene Leerrohrgeschwindigkeiten bis zu 0,918 m s^{-1}. Je größer die Leerrohrgeschwindigkeit ist, desto kleiner sind die Differenzen der auf der Mittelachse gemessenen Temperaturen und desto steiler ist das Temperaturprofil. Bei Geschwindigkeiten, die deutlich über 1 m s^{-1} hinausgingen, wurden Temperaturdifferenzen gemessen, die nahe der Thermoelementgenauigkeit lagen, so dass vernünftige Werte für die axiale Zweiphasen-Wärmeleitfähigkeit nur bis maximal 1 m s^{-1} Leerrohrgeschwindigkeit erzielbar waren.

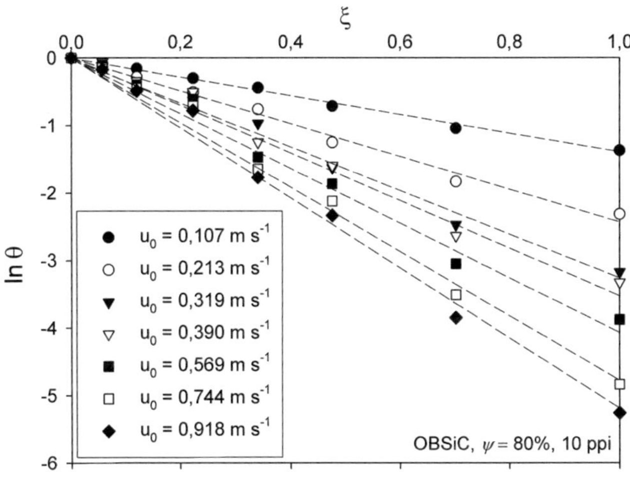

Abb. 6.9: normiertes Temperaturprofil als Funktion der dimensionslosen Ortskoordinate für verschiedene Leerrohrgeschwindigkeiten für einen OBSiC–Schwamm (10 ppi, $\psi = 80\,\%$)

6.2.4.2 Experimentell ermittelte axiale Zweiphasen-Wärmeleitfähigkeiten

Wie in der Literatur bereits für Kugelschüttungen gut bekannt (s. u. a. Yagi et al., 1960; Schlünder und Tsotsas, 1988), wurde auch für alle hier untersuchten Schwammtypen eine lineare Zunahme der axialen Zweiphasen-Wärmeleitfähigkeit mit der Strömungsgeschwindigkeit des den Schwamm durchströmenden Fluides beobachtet. In Abb. 6.10 und Abb. 6.11 sind die für Al$_2$O$_3$-

Schwämme ermittelten Absolutwerte der axialen Zweiphasen-Wärmeleitfähigkeit als Funktion der Leerrohrgeschwindigkeit dargestellt. Abb. 6.10 zeigt die Abhängigkeit von der Porosität, die über den gesamten Geschwindigkeitsbereich charakteristisch erhalten bleibt. Schwämme mit niedriger Porosität und damit höheren Anteil an Feststoffmaterial zeigen wie erwartet einen höheren Absolutwert der axialen Zweiphasen-Wärmeleitfähigkeit. Dieser Sachverhalt wurde bereits für die Zweiphasen-Ruhewärmeleitfähigkeit beobachtet.

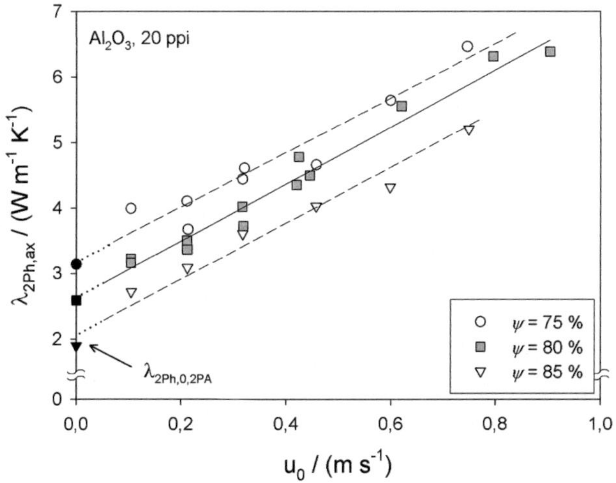

Abb. 6.10: axiale Zweiphasen-Wärmeleitfähigkeit als Funktion der Leerrohrgeschwindigkeit für 20 ppi-Al$_2$O$_3$-Schwämme verschiedener Porosität

Die in den Abb. 6.10 bis Abb. 6.12 aufgetragenen Werte bei $0\ \mathrm{m\ s^{-1}}$ entsprechen den mit der Zweiplattenapparatur ermittelten Messwerte der Zweiphasen-<u>Ruhe</u>wärmeleitfähigkeit in Kap. 6.1.4. Die Linien entsprechen jeweils einer linearen Regression durch die Messwerte für die axiale Zweiphasen-Wärmeleitfähigkeit und anschließender Extrapolation unterhalb der niedrigsten Leerrohrgeschwindigkeit auf $0\ \mathrm{m\ s^{-1}}$ (gepunktete Linie). Damit konnte auf eine alternative Weise die Zweiphasen-<u>Ruhe</u>wärmeleitfähigkeit bestimmt und die in Kap. 6.1.4 ermittelten Werte validiert werden. Ein Vergleich der durch diese zwei verschiedenen Methoden ermittelten Zweiphasen-<u>Ruhe</u>wärmeleitfähigkeiten ergab für die Al$_2$O$_3$- und OBSiC-Schwämme eine sehr gute, für Mullit-Schwämme eine mäßige Übereinstimmung. Tab. 6.5

zeigt den prozentualen Unterschied der beiden auf unterschiedliche Weise ermittelten Werte für die Zweiphasen-Ruhewärmeleitfähigkeit in Form eines relativen Fehlers (bezogen auf die mit der Zweiplattenapparatur ermittelten Werte). Für Al_2O_3-Schwämme ergab sich ein mittlerer Fehler von 5 %, für OBSiC-Schwämme von 12 % und für Mullit-Schwämme von 45 %.

Tab. 6.5: relativer Fehler beim Vergleich der Zweiphasen-Ruhewärmeleitfähigkeiten ermittelt mit der Zweiplattenapparatur und durch Extrapolation der Messwerte für die axiale Zweiphasen-Wärmeleitfähigkeit (bezogen auf die mit der Zweiplattenapparatur ermittelten Werte)

Schwammtyp		relativer Fehler		
$\psi_{Hersteller}$	ppi	Al_2O_3	OBSiC	Mullit
80 %	10	11 %	29 %	67 %
	20	1 %	16 %	76 %
	30	5 %	3 %	64 %
	45	3 %	2 %	26 %
75 %	20	1 %	16 %	6 %
85 %	20	13 %	6 %	28 %

In Abb. 6.11 sind die experimentellen Daten der axialen Zweiphasen-Wärmeleitfähigkeit für Al_2O_3-Schwämme für verschiedene ppi-Zahlen und gleicher Porosität dargestellt. Dabei konnte keine signifikante Abhängigkeit, lediglich eine leichte Tendenz der axialen Zweiphasen-Wärmeleitfähigkeit von der Zellgröße festgestellt werden. Demnach besitzen grobporige Schwämme meist etwas höhere Werte als feinporige Schwämme. Allerdings ist die ppi-Abhängigkeit im Vergleich zur Porositätsabhängigkeit verschwindend klein und damit vernachlässigbar. Für Mullit- und OBSiC-Schwämme gelten die in Abb. 6.10 und Abb. 6.11 dargestellten Zusammenhänge analog. Die experimentell ermittelten Daten sind im Anhang in Kap. 9.7.2 tabellarisch aufgelistet.

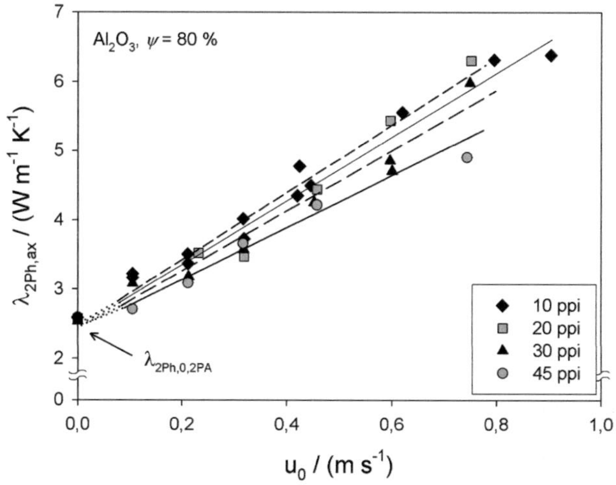

Abb. 6.11: axiale Zweiphasen-Wärmeleitfähigkeit als Funktion der Leerohr-geschwindigkeit für verschiedene Al$_2$O$_3$-Schwämme mit einer Porosität von 80 %

Werden die ermittelten Absolutwerte der axialen Zweiphasen-Wärmeleit-fähigkeit für Schwämme aus verschiedenen Materialien miteinander verglichen (vgl. exemplarisch die Auftragung für Schwämme mit 30 ppi und einer Porosität von 80 % in Abb. 6.12), so zeigt sich für niedrige Strömungsgeschwindigkeiten die erwartete Abstufung gemäß der Feststoffwärmeleitfähigkeiten ($\lambda_{ax,Al_2O_3} > \lambda_{ax,OBSiC} > \lambda_{ax,Mullit}$; vgl. Kap. 3.1.2) und auch der Zweiphasen-Ruhe-wärmeleitfähigkeiten (vgl. Kap. 6.1.4). Mit zunehmender Leerrohrgeschwindig-keit nähern sich die Absolutwerte einander an. Demnach übt das Feststoff-material nur bei stagnierenden Fluidschichten sowie bei sehr langsamen Strömungsgeschwindigkeiten einen entscheidenden Einfluss auf die Wärme-leitung aus. Dieser Sachverhalt wurde für alle untersuchten Schwammtypen beobachtet.

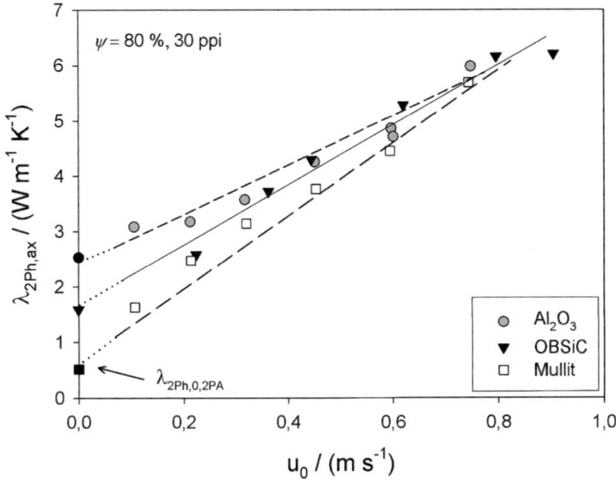

Abb. 6.12: axiale Zweiphasen-Wärmeleitfähigkeit als Funktion der Leerohr-geschwindigkeit für Schwämme aus Al$_2$O$_3$, Mullit, und OBSiC mit 30 ppi und ψ = 80 %

6.2.5 Validierung der Messmethode

Zur Validierung der hier verwendeten Messmethode wurden Messungen für eine Schüttung mit Kupferkugeln (d_p = 2 mm) und Leerrohrgeschwindigkeiten von 0,1 m s^{-1} bis 0,25 m s^{-1} durchgeführt und anschließend mit experimentellen Daten von Yagi et al. (1960) und Vortmeyer und Adam (1984) verglichen. Erstere benutzten Schüttungen aus Glaskugeln mit einem mittleren Durchmesser von d_p = 5 mm sowie aus Stahlkugeln mit einem mittleren Durchmesser von d_p = 4,8 mm. Letztere untersuchten Schüttungen aus Glaskugeln mit einem mittleren Durchmesser von d_p = 5 mm und d_p = 8 mm. In Abb. 6.13 sind die experimentellen Ergebnisse (ausgefüllte Symbole) mit den Literaturdaten (offene Symbole, berechnet anhand der Korrelationen in Tab. 6.4) verglichen. Leider liegen die Mehrzahl der Literaturdaten in einem Leerrohrgeschwindig-keitsbereich unterhalb 0,1 m s^{-1} und damit weit unterhalb des Geschwindigkeits-bereiches, welcher in dieser Arbeit untersucht wurde. Dennoch zeigte sich im Bereich überlappender Geschwindigkeiten eine sehr gute Übereinstimmung. Eine Extrapolation der Ausgleichsgeraden durch die eigenen Messwerte zu niedrigeren Leerrohrgeschwindigkeiten hin zeigt auch dort eine sehr gute Übereinstimmung, weshalb die ermittelten Messwerte für die keramischen Schwämme als zuverlässig eingestuft werden.

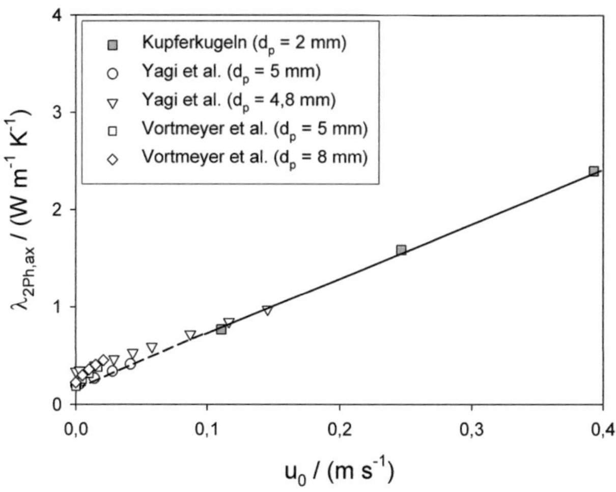

Abb. 6.13: Validierung der Messmethode anhand von Literaturdaten für Kugelschüttungen von Yagi et al. (1960) sowie Vortmeyer und Adam (1984) mit eigenen Messungen für eine Schüttung aus Kupferkugeln (ausgefüllte Symbole)

6.2.6　Vergleich der Zweiphasen-Wärmeleitfähigkeiten keramischer Schwämme mit Kugelschüttungen

Die Bewertung des Absolutwertes der axialen Zweiphasen-Wärmeleitfähigkeit keramischer Schwämme erfolgt anhand eines Vergleichs zu experimentellen Messwerten für eine Schüttung aus Kupferkugeln (d_p = 2 mm). In Abb. 6.14 ist zu sehen, dass die Werte für den Al_2O_3-Schwamm mit 20 ppi und ψ = 80 % deutlich oberhalb der Werte für die Kugelschüttung liegen. Dies deckt sich mit den Beobachtungen für den Fall der stagnierenden Fluidschicht in Kap. 6.1.4. Demnach sind Schwämme für den Einsatz als Wärmeübertrager trotz der deutlich höheren Porosität den Kugelschüttungen für Leerrohrgeschwindigkeiten bis 1 m s^{-1} deutlich effektiver.

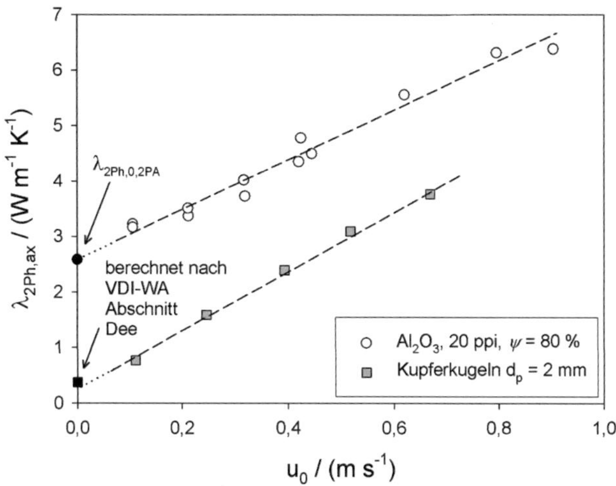

Abb. 6.14: Vergleich der Absolutwerte axialer Zweiphasen-Wärmeleitfähigkeiten eines Al$_2$O$_3$-Schwamms (20 ppi und ψ = 80 %) mit Messwerten für Schüttungen aus Kupferkugeln

6.2.7 Korrelation der experimentellen Daten

Auf Grund der linearen Abhängigkeit der axialen Zweiphasen-Wärmeleitfähigkeit von der Strömungsgeschwindigkeit und der möglichen Extrapolation der Zweiphasen-Ruhewärmeleitfähigkeit scheint ein Modell sinnvoll, welches eine Kombination der Transportkoeffizienten bei stagnierender Fluidschicht und bei Durchströmung in Parallelschaltung kombiniert. Eine Serienschaltung scheint nicht geeignet, da für höhere Strömungsgeschwindigkeiten (insbesondere bei Mullit-Schwämmen) die niedrige Feststoffwärmeleitfähigkeit limitierend auf den Wärmetransport wirken müsste. Dies ist aber nicht der Fall, wie Abb. 6.12 zeigt. Basierend auf dem Modell von Yagi et al. (1960) findet sich im VDI-Wärmeatlas, Abschnitt Mh (2006) folgendes Modell für Kugelschüttungen wieder:

$$\frac{\lambda_{2Ph,ax}}{\lambda_f} = \frac{\lambda_{2Ph,0}}{\lambda_f} + \underbrace{\frac{u_0}{\psi} \cdot \frac{\rho_f \cdot c_{p,f} \cdot d_h}{\lambda_f}}_{=Pe} \cdot \frac{1}{K_{ax}} \qquad (6.10)$$

K_{ax} ist dabei der sog. axiale Dispersionskoeffizient. Er gilt als Anpassungsparameter und ist temperatur- sowie geschwindigkeitsunabhängig. Damit ist dieser Parameter charakteristisch für jeden Schwammtyp. Für den hydraulischen Durchmesser gilt Gleichung 4.4. Gleichung 6.10 stellt eine Geradengleichung dar, so dass aus einer Auftragung der „axialen Zweiphasen-Wärmeleitfähigkeit bezogen auf die Wärmeleitfähigkeit der Luft" gegen die Péclet-Zahl über die Steigung der Regressionsgeraden der axiale Dispersionskoeffizient bestimmt werden kann. Die auf diese Weise ermittelten K_{ax}-Werte nehmen mit steigender ppi-Zahl ab. Dabei sind die K_{ax}-Werte gleichen Schwammtyps für Al_2O_3-Schwämme stets höher als die für OBSiC-Schwämme, wohingegen diese wiederum höher sind als diejenigen der Mullit-Schwämme. Werden die K_{ax}-Werte zur Vorausberechnung mit Hilfe des hydraulischen Durchmessers (berechnet nach Gleichung 4.4) für die drei untersuchten Schwammmaterialien korreliert, so ergibt sich die in Abb. 6.15 aufgetragene lineare Abhängigkeit. Dabei streuen die K_{ax}-Werte (bis auf eine Anusnahme) nur wenig um ihre jeweiligen Regressionsgeraden. Für Al_2O_3-Schwämme ergab sich ein Bestimmtheitsmaß von $R^2 = 0,9247$, für OBSiC-Schwämme von $R^2 = 0,8844$ und für Mullit-Schwämme von $R^2 = 0,9896$.

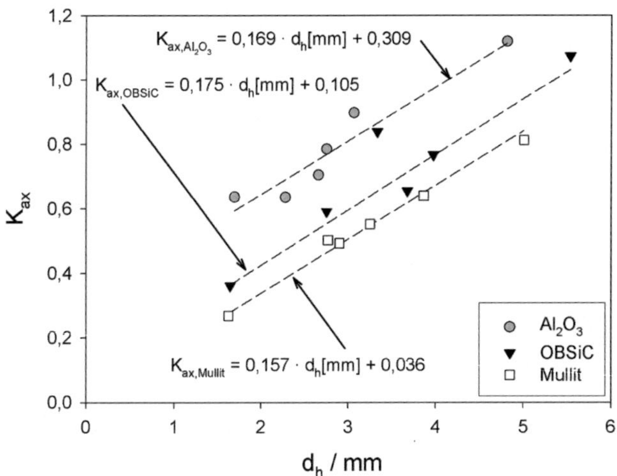

Abb. 6.15: Korrelation des axialen Dispersionskoeffizienten von Schwämmen aus Al_2O_3, Mullit, und OBSiC als Funktion des hydraulischen Durchmessers

Aus Gleichung 6.10 ergibt sich durch Division mit der Péclet-Zahl analog zu Kugelschüttungen die axiale Zweiphasen-Péclet-Zahl bzw. der „effektive Transportkoeffizient" (in der Literatur oft auch als „effektive Péclet-Zahl" bezeichnet) zu (VDI Wärmeatlas, Abschnitt Mh, 2006):

$$\frac{1}{PE_{ax}} = \frac{\lambda_{2Ph,0}}{\lambda_f} \cdot \frac{1}{Pe} + \frac{1}{K_{ax}} \quad \text{mit} \quad PE_{ax} = \frac{u_0}{\psi} \cdot \frac{\rho_f \cdot c_{p,f} \cdot d_h}{\lambda_{2Ph,ax}} \tag{6.11}$$

Darin ist $Pe = Re \cdot Pr$. Durch Grenzwertbildung folgt für Gleichung 6.11:

$$Pe \to 0: \quad PE_{ax} \to 0 \tag{6.12}$$

$$Pe \to \infty: \quad PE_{ax} \to K_{ax} \tag{6.13}$$

Demnach erfolgt die axiale Wärmeübertragung bei niedrigen Péclet-Zahlen hauptsächlich durch molekulare Wärmeleitung, wohingegen bei hohen Péclet-Zahlen die Vermischung überwiegt. In Abb. 6.16 ist der Verlauf der axialen Zweiphasen-Péclet-Zahl über der Péclet-Zahl für alle untersuchten Schwammtypen aufgetragen. Dabei korrelieren die Daten im Péclet-Zahlen-Bereich von $10 < Pe < 400$ innerhalb der $\pm\,40\,\%$-Fehlermarke zu einer Kurve. Die Korrelation der Daten erfolgte analog zu Gleichung 6.11 mit folgendem Ansatz:

$$PE_{ax} = \left(A \cdot \frac{1}{Pe} + B \right)^{-1} \tag{6.14}$$

Zur Bestimmung der Konstanten A und B wurde über alle Messdaten der RMSD-Wert nach Gleichung 6.15 berechnet und anschließend mit Hilfe der Solverfunktion in Excel minimiert.

$$RMSD = 10^{RMS(ELOG)} - 1 \quad \text{mit} \quad ELOG = lgPE_{ax,ber} - lgPE_{ax,exp} \tag{6.15}$$

Auf diese Weise ergaben sich die Konstanten in Gleichung 6.14 zu $A = 87$ und $B = 0,84$ mit einem RMSD-Wert von 24,98 %. So ist es in Zukunft möglich, die axiale Zweiphasen-Péclet-Zahl und damit die axiale Zweiphasen-Wärmeleitfähigkeit mit Hilfe von Gleichung 6.14 als alleinige Funktion der Péclet-Zahl vorauszuberechnen.

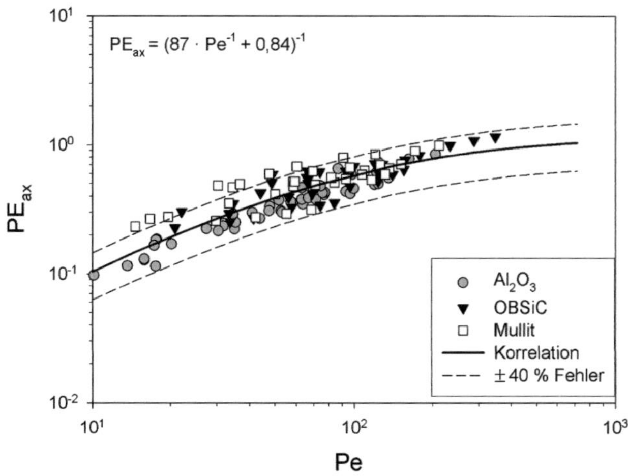

Abb. 6.16: Korrelation der axialen Zweiphasen-Péclet-Zahl als Funktion der Péclet-Zahl für Schwämme aus Al$_2$O$_3$, Mullit und OBSiC (10…45 ppi, 75 < ψ < 85 %)

6.3 Radiale Zweiphasen-Wärmeleitfähigkeit

Die radiale Zweiphasen-Wärmeleitfähigkeit beschreibt die Wärmeleit-eigenschaften des Schwammes (betrachtet als kontinuierliches System) in radialer Richtung, also senkrecht zur Strömungsrichtung.

6.3.1 Stand des Wissens

In der Literatur existieren zahlreiche Arbeiten und Veröffentlichungen über die Bestimmung und Korrelation der radialen Zweiphasen-Wärmeleitfähigkeit von Schüttungen aus Kugeln, Zylindern und Raschig-Ringen verschiedener Materialien und Porositäten bis zu 50 %. Die Daten wurden auf unterschiedliche Weise im Experiment erzielt: gekühltes Rohr, beheiztes Rohr oder Injektions-heizung auf der Mittelachse der Schüttung. Zur Auswertung der experimentellen Daten verwenden alle Autoren die in Kap. 6.3.2 abgeleitete Energiegleichung (Gleichung 6.19) unter Vernachlässigung der axialen Dispersion. Eine tabellarische Auflistung einige dieser Arbeiten findet sich in Schlünder und Tsotsas (1988). Ein Korrelationsansatz zur Vorausberechnung der radialen Zweiphasen-Wärmeleitfähigkeit anhand von geometrischen Daten, Stoffgrößen und der Leerrohrgeschwindigkeit ist im VDI-Wärmeatlas, Abschnitt Mh (2006) analog zu dem in Kap. 6.2 vorgestellten Ansatz zur Modellierung der axialen Zweiphasen-Wärmeleitfähigkeit beschrieben.

Für Schwämme gibt es in der Literatur jedoch nur sehr wenige und oftmals nur an einzelnen Proben durchgeführte Arbeiten. In einer Literaturrecherche wurden drei Arbeiten gefunden. Peng und Richardson (2004) verwendeten für ihre Experimente einen 30 ppi-Al_2O_3-Schwamm mit $\psi = 87,4\ \%$. Der Vergleich der gemessenen mit den berechneten Temperaturen in der Veröffentlichung zeigt eine sehr gute Übereinstimmung. Jedoch sind keine absoluten Werte der radialen Zweiphasen-Wärmeleitfähigkeit als Funktion der Leerrohrgeschwindigkeit (untersuchter Volumenstrombereich: 0,5 - 7,5 SLPM) aufgelistet. Die Korrelation der Messwerte erfolgte nach Gleichung 6.16, die allerdings nur für den untersuchten 30 ppi Schwamm gültig ist. Eine Übertragbarkeit auf andere Schwämme und größere Reynolds-Zahlen-Bereiche ist daher ungewiss.

$$\lambda_{2Ph,r} = 6,84 \cdot 10^{-5} \cdot \frac{T^3}{S_v} + 42,2 \cdot Re \cdot \lambda_f \qquad (6.16)$$

Pan et al. (2002) untersuchten 10 ppi-Schwämme aus Al_2O_3, SiC und $ZrO_2/Al_2O_3/SiO_2$. Die Absolutwerte der radialen Zweiphasen-Wärmeleitfähigkeit zeigen dabei im untersuchten Geschwindigkeitsbereich bis $0,6\ m\ s^{-1}$ keine Abhängigkeit von der Leerrohrgeschwindigkeit. Eine Korrelation der Messdaten wurde in der Veröffentlichung nicht vorgenommen.

Decker et al. (2002) untersuchten eine breite Basis an Schwämmen, bestehend aus Cordierit ($\psi = 76\ \%$, 81 %; 20 ppi), CB-SiC ($\psi = 76\ \%$, 81 %; 10, 20, 45 ppi) und SSiC ($\psi = 76\ \%$; 10, 20, 45 ppi). Die radiale Zweiphasen-Wärmeleitfähigkeit wurde numerisch angepasst und analog dem Modell im VDI Wärmeatlas, Abschnitt Mh (2006), welches für Kugelschüttungen gültig ist, korreliert (vgl. Gleichung 6.17).

$$\lambda_{2Ph,r} = \lambda_{2Ph,0} + \frac{\dfrac{\dot{m}}{A} \cdot c_p \cdot d \cdot T^3}{K_r} \qquad (6.17)$$

Die für den Mischungskoeffizienten angepassten radialen Dispersionskoeffizienten K_r zeigen dabei, analog zu den axialen Dispersionskoeffizienten, eine Inkonsistenz beim Vergleich der verschiedenen Schwammtypen auf. Für Schwämme aus CB-SiC ist K_r für alle ppi-Zahlen konstant, während für Schwämme aus SSiC K_r mit steigender ppi-Zahl abnimmt. Im Gegensatz dazu ist für K_{ax} ein mit größer werdender ppi-Zahl ansteigender Trend beobachtet worden. Die Autoren ermittelten eine mit zunehmender Leerrohrgeschwindigkeit steigende Tendenz für die radiale Zweiphasen-Wärmeleitfähigkeit. Die nicht eindeutig erklärbaren Tendenzen, die Decker et al. (2002) in ihrem Forschungsbericht formulieren, könnten evtl. daher rühren, dass die axiale und die radiale Zweiphasen-Wärmeleitfähigkeit durch eine gleichzeitige numerische Anpassung berechnet wurden. Dies könnte deshalb problematisch sein, da durch die gleichzeitige Anpassung zu viele Freiheitsgrade zur Verfügung stehen und damit mehrere Lösungen für die Differentialgleichung existieren könnten.

Zusammenfassend ergibt sich aus der Literaturrecherche, dass für Schwämme bisher noch keine verlässlichen experimentellen Daten und Korrelationen zur Berechnung der radialen Zweiphasen-Wärmeleitfähigkeit existieren. Weiterhin wurden bisher keine eindeutigen Zusammenhänge zwischen der radialen Zweiphasen-Wärmeleitfähigkeit und der Zellgröße, der Porosität, des Materials und der Leerrohrgeschwindigkeit untersucht und abgeleitet.

6.3.2 Theoretische Grundlagen

Unter Vernachlässigung der Dissipationsfunktion und der Annahme konstanter Stoffwerte ergibt sich aus der allgemeinen Energiegleichung folgende Bilanzgleichung:

$$\left[(1-\psi)\cdot\rho_s\cdot c_{p,s}+\psi\cdot\rho_f\cdot c_{p,f}\right]\cdot\frac{\partial T}{\partial t}=\lambda_{2Ph,r}\cdot\left(\frac{1}{r}\cdot\frac{\partial T}{\partial r}+\frac{\partial^2 T}{\partial r^2}\right)+$$
$$+\lambda_{2Ph,ax}\cdot\frac{\partial^2 T}{\partial z^2}-u_0\cdot\rho_f\cdot c_{p,f}\cdot\frac{\partial T}{\partial z} \tag{6.18}$$

Zur Berechnung der radialen Zweiphasen-Wärmeleitfähigkeit werden folgende Vereinfachungen getroffen:

- Stationarität
$$\rightarrow \frac{\partial T}{\partial t}=0$$

- Die axiale Zweiphasen-Wärmeleitfähigkeit, bestimmt aus unabhängig durchgeführten Versuchen, wird als bekannt vorausgesetzt (vgl. Kap. 6.2).

Dadurch ergibt sich aus Gleichung 6.18 folgende Differentialgleichung zur numerischen Anpassung der radialen Zweiphasen-Wärmeleitfähigkeit:

$$\lambda_{2Ph,r} \cdot \left(\frac{1}{r} \cdot \frac{\partial T}{\partial r} + \frac{\partial^2 T}{\partial r^2} \right) = u_0 \cdot \rho_f \cdot c_{p,f} \cdot \frac{\partial T}{\partial z} - \lambda_{2Ph,ax} \cdot \frac{\partial^2 T}{\partial z^2} \qquad \textbf{(6.19)}$$

Zur Lösung dieser Differentialgleichung wurden folgenden Randbedingungen verwendet:

- $z = 0$: $T_{Schwamm} = T_{Schwamm}(r)$ $\rightarrow$ radiale Temperaturverteilung auf der Stirnseite des Schwammes (Randbedingung 1. Art)

- $z = L$: $\dfrac{\partial T_{Schwamm}}{\partial z} = 0$ $\rightarrow$ verschwindende Dispersion in axialer Richtung (Randbedingung 2. Art)

- $r = 0$: $\dfrac{\partial T_{Schwamm}}{\partial r} = 0$ $\rightarrow$ Radiärsymmetrie (Randbedingung 2. Art)

- $r = R$: $T_{Schwamm} = T_{Wand}(z)$ $\rightarrow$ Vorgabe der ortsabhängigen Wandtemperatur (Randbedingung 1. Art)

Mit Hilfe eines stationären Experimentes, in welchem der Schwamm mit einem im Vergleich zur Wandtemperatur heißeren Gasstrom durchströmt wird, kann durch Anpassung des nach Gleichung 6.19 berechneten an das experimentell ermittelte Temperaturfeld die radiale Zweiphasen-Wärmeleitfähigkeit bestimmt werden.

6.3.3 Experimentelle Vorgehensweise

6.3.3.1 Versuchsaufbau

Für die Versuche zur Bestimmung der radialen Zweiphasen-Wärmeleitfähigkeit wurde der in Abb. 4.2 abgebildete und bereits zur Bestimmung des Druckverlustes beschriebene Strömungskanal verwendet. Auf Grund stationärer Versuche, wurde der Schieber dauerhaft in Position A belassen. Um Bypassströmungen an den Probekörpern zu vermeiden, wurden diese mit Karbonfolie (KU-CB 1220, Kunze) umwickelt, so dass der Schwamm passgenau in den Kanal eingebaut war. Zur Reduzierung von Einlaufeffekten wurde vor die zu untersuchende Schwammprobe ein typgleicher Schwamm platziert. Weiterhin wurden zur Ermittlung des Temperaturfeldes im Schwamm in axialer wie auch in radialer Richtung mehrere Thermoelemente (Typ K, 0,5 mm Durchmesser, Electronic Sensor) installiert. Ausgelesen wurden die Thermoelemente über eine PCI-Karte und einer Steckplatine mit integrierter elektronischer Vergleichsstelle (PCI-DAS-TC, Measurement Computing).

6.3.3.2 Versuchsdurchführung

Nach passgenauem Einbau des Schwammes in den Strömungskanal und der Installation der Messtechnik wurde der gewünschte Volumenstrom am Gebläse eingestellt und der Schwamm so lange mit Luft bei einer Temperatur von 100 °C durchströmt, bis stationäre Temperaturprofile erreicht wurden. Die Wandtemperatur wurde dazu bei ca. 40 °C gehalten, wobei der tatsächliche axiale Temperaturverlauf mit Hilfe von Thermoelementen (Typ K, 0,5 mm Durchmesser, Electronic Sensor) bestimmt und als Randbedingung für die numerische Anpassung verwendet wurde. Um Temperaturverteilungen in der Gasströmung vor Eintritt in den Schwamm zu vermeiden, wurde der gesamte Kanal bis zur Messstrecke schutzbeheizt (ebenfalls bei 100 °C). Die Erfassung des Temperaturprofils erfolgte an den radialen Positionen r = 0, 30, 35, 40, 45, 50 mm. In Vorversuchen stellte sich heraus, dass ausgehend von der Mitte bis zu einem Radius von etwa 35 mm das Temperaturprofil nur sehr wenig abnimmt und linear approximiert werden kann, während hingegen in Wandnähe der steile Temperaturgradient für die numerische Anpassung so genau wie möglich aufgelöst werden musste. Aus diesem Grund wurde ab einer radialen Position von 30 mm der Temperaturverlauf in 5 mm Abständen ermittelt. Eine feinere Auflösung war nicht möglich, da ansonsten die Schwammstruktur zu stark zerstört worden wäre und dadurch veränderte Strömungsverhältnisse entstanden wären. Die Thermoelemente waren analog zu den Versuchen in Kap. 6.2 zu Lanzen mit drei axialen Positionen im Abstand von 15 mm kombiniert (axiale Messposition im Schwamm bei z = 10, 25, 40 mm), so dass das Temperaturfeld im Schwamm mit insgesamt 15 Thermoelementen erfasst wurde. Um trotz der fünf radialen Messpositionen die Schwammstruktur so wenig wie möglich zu zerstören und damit die ursprüngliche Strömungscharakteristik zu erhalten, wurden die Lanzen nicht nebeneinander sondern leicht zueinander verdreht eingebaut.

Für die Versuche wurde die Leerrohrgeschwindigkeit zwischen 0,4 m s^{-1} und 2,5 m s^{-1} variiert. Eine Veränderung der Leerrohrgeschwindigkeit wurde stets nach Erreichen stationärer Temperaturprofile realisiert.

6.3.4 Experimentelle Ergebnisse

6.3.4.1 Vorgehensweise zur Auswertung der Versuchsdaten

Zur Bestimmung der radialen Zweiphasen-Wärmeleitfähigkeit nach Gleichung 6.19 wurden berechnete Temperaturprofile durch den einzig unbekannten Anpassungsparameter $\lambda_{2Ph,r}$ so lange angepasst, bis diese mit den experimentell bestimmten Temperaturprofilen bestmöglich übereinstimmten. Zur Lösung der Differentialgleichung wurde in einer Auswerteroutine in Matlab der Solver d03ed der NAG-Toolbox in Matlab verwendet. Dieser Solver löst elliptische partielle Differentialgleichungen unter Verwendung der „multigrid-Technik" (NAG, NP3663/22). In der Auswerteroutine wurde die Parametrisierung des Solvers sowie die Berechnung und Anpassung der Temperaturprofile realisiert.

Bei der numerischen Berechnung der Temperaturprofile wurde dabei stets an den Temperaturverlauf in der Mitte des Schwammes ($z = 25$ mm) an 10 Punkten angepasst, wohingegen das Temperaturprofil bei $z = 10$ mm als Randbedingung verwendet wurde (vgl. Kap. 6.3.2). Abb. 6.17 zeigt einen Vergleich des berechneten und experimentell bestimmten Temperaturprofils exemplarisch für einen Al_2O_3-Schwamm mit $\psi = 80\ \%$ und 20 ppi bei einer Leerrohrgeschwindigkeit von 1,34 m s^{-1}. Dabei stellen die gestrichelten Linien die Fitfunktionen durch die experimentellen Werte (Symbole) dar. Das numerisch angepasste Temperaturprofil ist durch die durchgezogene Linie wiedergegeben. Dabei ist eine sehr gute Übereinstimmung der berechneten mit den experimentell bestimmten Temperaturverläufen über den gesamten Radius zu erkennen. Es werden sowohl die flachen Temperaturgradienten im Inneren des Schwammes als auch die steilen Temperaturgradienten in Wandnähe sehr gut abgebildet.

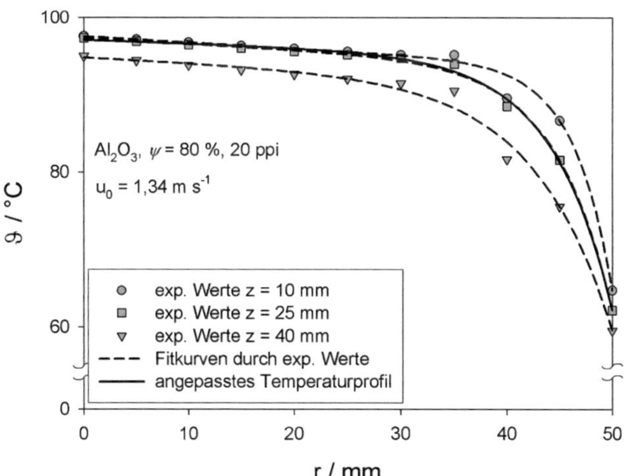

Abb. 6.17: Vergleich von experimentell ermitteltem und mit Hilfe einer Energiebilanz berechnetem Temperaturprofil für einen Al_2O_3-Schwamm (20 ppi, $\psi = 80$ %) bei einer Leerrohrgeschwindigkeit von 1,34 m s^{-1}

6.3.4.2 Experimentell ermittelte radiale Zweiphasen-Wärmeleitfähigkeiten

Analog der Beobachtungen bei Kugelschüttungen und der Ergebnisse für die axiale Zweiphasen-Wärmeleitfähigkeit (vgl. Kap. 6.2.4.2) wurde auch für die radiale Zweiphasen-Wärmeleitfähigkeit eine lineare Zunahme mit der Leerrohrgeschwindigkeit festgestellt. Dieser Zusammenhang ist exemplarisch für verschiedene Al_2O_3-Schwämme in Abb. 6.18 und Abb. 6.19 dargestellt. Diese Beobachtung trifft auch für die Schwämme aus OBSiC und Mullit zu. Abb. 6.18 zeigt weiterhin die Abhängigkeit der radialen Zweiphasen-Wärmeleitfähigkeit von der Porosität, die über den gesamten untersuchten Geschwindigkeitsbereich erhalten bleibt. Wie erwartet weisen Schwämme mit niedriger Porosität wegen des höheren Feststoffanteils gegenüber Schwämmen mit hoher Porosität eine höhere radiale Zweiphasen-Wärmeleitfähigkeit auf. Diese Beobachtung stimmt mit den Ergebnissen für die axiale Zweiphasen-Wärmeleitfähigkeit und die Zweiphasen-Ruhewärmeleitfähigkeit überein. Die experimentellen Werte für OBSiC- und Mullit-Schwämme, welche denselben Trend zeigen, sind im Anhang in Kap. 9.8 aufgelistet.

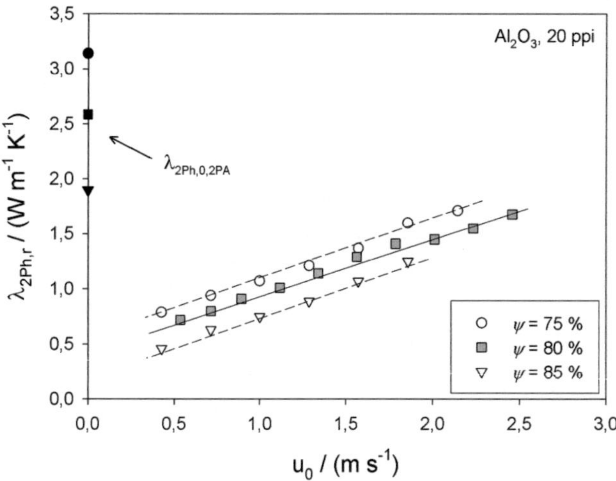

Abb. 6.18: radiale Zweiphasen-Wärmeleitfähigkeit als Funktion der Leerrohrgeschwindigkeit für 20 ppi-Al_2O_3-Schwämme verschiedener Porosität

Eine Extrapolation der Messwerte hin zu ruhendem Fluid ($u_0 = 0$ m s^{-1}) in Abb. 6.18 bis Abb. 6.20 sollte analog der axialen Zweiphasen-Wärmeleitfähigkeit (vgl. Kap. 6.2.4.2) prinzipiell die Zweiphasen-Ruhewärmeleitfähigkeit ergeben, welche mit Hilfe der Zweiplattenapparatur bestimmt wurde. Beim Vergleich der beiden Werte ergab sich jedoch eine mittlere Abweichung von 370 %. Als Schlussfolgerung ergibt sich deshalb, dass mit Hilfe der Extrapolation der Absolutwerte der radialen Zweiphasen-Wärmeleitfähigkeiten nicht auf die Zweiphasen-Ruhewärmeleitfähigkeit geschlossen werden darf. Grund hierfür könnte eine Richtungsabhängigkeit der Zweiphasen-Ruhewärmeleitfähigkeit sein, die aber in dieser Arbeit nicht untersucht wurde. In der Berechnung der Zweiphasen-Ruhewärmeleitfähigkeiten aus den Experimenten mit Hilfe der Zweiplattenapparatur (vgl. Kap. 6.1) wurde eine Richtungsabhängigkeit vernachlässigt, wobei dies hierbei zu vernachlässigbaren Fehlern geführt haben sollte, da in Folge der gewählten Isolationsschichten nahezu adiabate Randbedingungen nach außen hin vorhanden waren. Diese These wird dadurch gestützt, dass stichprobenartige (in Auftrag gegebene) Vergleichsmessungen die in dieser Arbeit mit Hilfe der Zweiplattenapparatur ermittelten Zweiphasen-Ruhewärmeleitfähigkeiten bestätigt haben (vgl. Kap. 6.1.4).

In Abb. 6.19 ist der Einfluss der Zellgröße bei gleicher Porosität auf die radiale Zweiphasen-Wärmeleitfähigkeit für verschiedene Al$_2$O$_3$-Schwämme gezeigt. Entgegen der experimentellen Ergebnisse für die axiale Zweiphasen-Wärmeleitfähigkeit zeigt die radiale Zweiphasen-Wärmeleitfähigkeit eine ausgeprägte Abhängigkeit von der Zellgröße. Schwämme mit großen Poren (niedrige ppi-Zahl) besitzen eine höhere radiale Zweiphasen-Wärmeleitfähigkeit als Schwämme mit vergleichsweise kleinen Poren (hohe ppi-Zahl). Die gleiche Beobachtung wurde auch für Schwämme aus OBSiC und Mullit angestellt (die Werte sind im Anhang in Kap. 9.8 zu finden). Eine Erklärung hierfür wäre, dass Schwämme mit großen Poren im Vergleich zu Schwämmen mit kleinen Poren bei gleicher Leerrohrgeschwindigkeit eine größere Reynolds-Zahl besitzen. Je höher die Reynolds-Zahl ist, desto höher sollte auch der Turbulenzgrad der Strömung sein, so dass eine bessere Quervermischung stattfinden kann. Dieser Effekt gilt generell auch für die axiale Zweiphasen-Wärmeleitfähigkeit, ist dort aber weniger stark ausgebildet (vgl. Abb. 6.11).

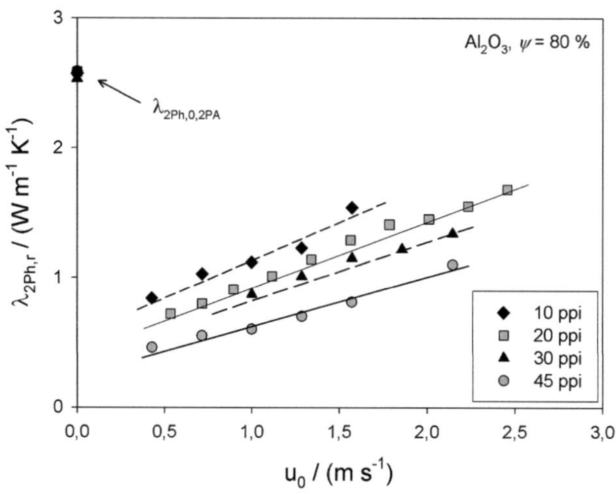

Abb. 6.19: radiale Zweiphasen-Wärmeleitfähigkeit als Funktion der Leerohr-geschwindigkeit für verschiedene Al_2O_3-Schwämme mit einer Porosität von 80 %

Der Vergleich der Absolutwerte der radialen Zweiphasen-Wärmeleitfähigkeit für Schwämme unterschiedlichen Materials aber gleichen Typs in Abb. 6.20 zeigt exemplarisch für 20 ppi-Schwämme mit $\psi = 80\,\%$, dass im untersuchten Leerrohrgeschwindigkeitsbereich ab $1{,}5\ \mathrm{m\ s^{-1}}$ die radiale Zweiphasen-Wärmeleitfähigkeit trotz der deutlich verschiedenen Feststoffwärmeleitfähigkeiten der unterschiedlichen keramischen Materialien nicht vom Material abhängig ist. Diese Beobachtung gilt analog für alle anderen in dieser Arbeit untersuchten Schwammtypen (vgl. Kap. 9.8). Bei Leerrohrgeschwindigkeiten kleiner $1{,}5\ \mathrm{m\ s^{-1}}$ besitzen Schwämme aus Al_2O_3 etwas höhere radiale Zweiphasen-Wärmeleitfähigkeiten als OBSiC-Schwämme und diese wiederum leicht höhere Werte gegenüber den Mullit-Schwämmen. Im Falle niedriger Leerrohrgeschwindigkeiten ist damit bei der Auslegung von Reaktoren, bei welchen der radiale Wärmetransport zu berücksichtigen ist, die Materialwahl nicht gänzlich zu vernachlässigen. Die charakteristische Abstufung der radialen Zweiphasen-Wärmeleitfähigkeiten der Schwämme unterschiedlichen Materials ist konsistent zu den Ergebnissen der Zweiphasen-Ruhewärmeleitfähigkeit (Kap. 6.1.4) und der axialen Zweiphasen-Wärmeleitfähigkeit (Kap. 6.2.4.2).

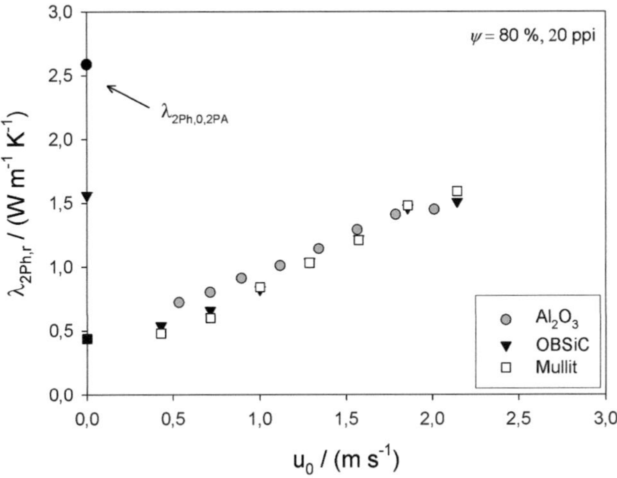

Abb. 6.20: radiale Zweiphasen-Wärmeleitfähigkeit als Funktion der Leerohr-geschwindigkeit für Schwämme aus Al$_2$O$_3$, Mullit, und OBSiC mit 20 ppi und $\psi = 80$ %

6.3.5 Korrelation der experimentellen Daten

Auf Grund der in Kap. 6.3.4 gezeigten linearen Abhängigkeit der radialen Zweiphasen-Wärmeleitfähigkeit von der Leerrohrgeschwindigkeit werden die experimentellen Daten analog zu Gleichung 6.10 für die axiale Zweiphasen-Wärmeleitfähigkeit mit dem in Gleichung 6.20 dargestellten linearen Ansatz beschrieben.

$$\frac{\lambda_{2Ph,r}}{\lambda_f} = \frac{\lambda_{2Ph,0}}{\lambda_f} + Pe \cdot \frac{1}{K_r} \qquad (6.20)$$

K_r ist dabei der Anpassungsparameter und wird als radialer Dispersions-koeffizient bezeichnet. In seiner Eigenschaft gilt er als temperatur- und geschwindigkeitsunabhängig. Tab. 6.6 enthält die experimentell ermittelten Werte für den radialen Dispersionskoeffizienten für alle untersuchten Schwammtypen. Prinzipiell zeigen diese mit steigendem hydraulischen Durch-messer eine steigende Tendenz, jedoch keine signifikante Abhängigkeit vom Material.

Tab. 6.6: experimentell ermittelte radiale Dispersionskoeffizienten für Schwämme aus Al$_2$O$_3$, Mullit und OBSiC (10…45 ppi, 75 < ψ < 85 %)

Schwammtyp		radialer Dispersionskoeffizient		
$\psi_{Hersteller}$	ppi	Al$_2$O$_3$	OBSiC	Mullit
75 %	20	6,34	6,50	6,47
80 %	10	10,17	7,61	9,55
	20	6,25	7,08	5,63
	30	7,21	6,34	6,68
	45	5,49	6,55	4,58
85 %	20	6,30	7,85	7,27

Die Korrelation aller experimentellen Daten in dimensionsloser Form geschieht analog zu Gleichung 6.11. Durch Division von Gleichung 6.20 mit der Péclet-Zahl ergibt sich eine Bestimmungsgleichung für die radiale Zweiphasen-Péclet-Zahl (vgl. Gleichung 6.21).

$$\frac{1}{PE_r} = \frac{\lambda_{2Ph,0}}{\lambda_f} \cdot \frac{1}{Pe} + \frac{1}{K_r} \quad \text{mit} \quad PE_r = \frac{u_0}{\psi} \cdot \frac{\rho_f \cdot c_{p,f} \cdot d_h}{\lambda_{2Ph,r}} \tag{6.21}$$

In Abb. 6.21 ist die radiale Zweiphasen-Péclet-Zahl gegen die Péclet-Zahl für alle untersuchten Schwammtypen aufgetragen. Dabei korrelieren die Daten im Péclet-Zahlen-Bereich von $20 < Pe < 500$ (Stoffwerte bei 100 °C berechnet) innerhalb der $\pm$ 25 %-Fehlermarke zu einer Kurve. Die Korrelation der Daten erfolgt gemäß Gleichung 6.21 mit folgendem Ansatz:

$$PE_r = \left(A \cdot \frac{1}{Pe} + B \right)^{-1} \tag{6.22}$$

Zur Bestimmung der Konstanten A und B wurde über alle Messdaten der RMSD-Wert nach Gleichung 6.23 berechnet und anschließend mit Hilfe der Solverfunktion in Excel minimiert.

$$RMSD = 10^{RMS(ELOG)} - 1 \quad \text{mit} \quad ELOG = lgPE_{r,ber} - lgPE_{r,exp} \tag{6.23}$$

Auf diese Weise ergaben sich die Konstanten in Gleichung 6.22 zu $A = 9,96$ und $B = 0,15$ mit einem RMSD-Wert von 16,32 %. So ist es in Zukunft möglich, die radiale Zweiphasen-Péclet-Zahl und damit die radiale Zweiphasen-

Wärmeleitfähigkeit mit Hilfe von Gleichung 6.22 als alleinige Funktion der Péclet-Zahl vorauszuberechnen.

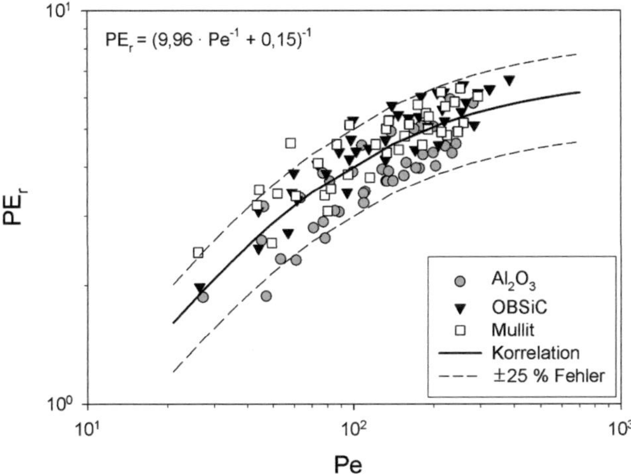

Abb. 6.21: Korrelation der radialen Zweiphasen-Péclet-Zahl als Funktion der Péclet-Zahl für Schwämme aus Al₂O₃, Mullit und OBSiC (10...45 ppi, 75 < ψ < 85 %)

6.4 Vergleich der axialen mit den radialen Dispersions-koeffizienten

In Tab. 6.7 ist das Verhältnis von radialen zu axialen Dispersionskoeffizienten dargestellt. Dabei ergibt sich im Mittel für Al₂O₃-Schwämme ein Verhältnis von 8,8, für OBSiC-Schwämme von 10,8 und für Mullit-Schwämme von 12,8. Der mittlere Wert über alle untersuchten Schwammtypen liegt bei 10,8 und ist damit in etwa Faktor 2,5 höher als bei Kugelschüttungen, welche ein Verhältnis von 4 aufweisen (VDI Wärmeatlas, Abschnitt Mh, 2006).

Tab. 6.7: Verhältnis K_r/K_{ax} für Schwämme aus Al_2O_3, Mullit und OBSiC (10…45 ppi, $75 < \psi < 85$ %)

Schwammtyp		K_r/K_{ax}		
$\psi_{Hersteller}$	ppi	Al_2O_3	OBSiC	Mullit
75 %	20	8,1	7,8	13,1
80 %	10	9,1	7,1	11,8
	20	8,9	10,8	10,2
	30	11,3	10,7	13,3
	45	8,6	18,1	17,1
85 %	20	7,0	10,2	11,4

7 Zusammenfassung und Ausblick

7.1 Zusammenfassende Darstellung der Ergebnisse

Das Ziel dieser Arbeit war es, Korrelationen zur Berechnung des Wärmetransportes für die Auslegung verfahrenstechnischer Apparate und chemischer Reaktoren mit keramischen Schwämmen als Einbauten zu entwickeln.

Bei der Modellbildung und Simulation derartiger Systeme muss je nach Anwendungsfall zwischen einem homogenen und einem heterogenen Modell für die Betrachtungsweise des durchströmten Schwammes unterschieden werden. Beim homogenen Modell wird der Schwamm als einphasiges System mit superpositionierten Stoffeigenschaften betrachtet. Eine wichtige wärmetechnische Kenngröße ist dabei die Zweiphasen-Wärmeleitfähigkeit mit stagnierender wie auch bei bewegter Fluidschicht. Muss jedoch die Gasphase getrennt von der Feststoffphase betrachtet werden, wie es beispielsweise bei einer chemischen Reaktion in der Gasphase der Fall sein kann, so muss der Schwamm als heterogenes System bilanziert werden. Für die Kopplung der Energiebilanzen von Feststoff und Fluid wird dabei der Wärmeübergangskoeffizient benötigt.

In der hier vorliegenden Arbeit wurden diese Kenngrößen der Wärmeübertragung für verschiedene keramische Schwämme aus Al_2O_3, oxidisch gebundenem Siliziumcarbid (OBSiC) und Mullit (75 % < ψ < 85 %; 10, 20, 30, 45 ppi) ermittelt und anschließend in dimensionsloser Form korreliert. Dadurch soll eine Übertragbarkeit der hier ermittelten Ergebnisse auf andere Dimensionen und Geometrien ermöglicht werden. Für die Versuche wurde stets Luft als Fluid verwendet.

Für die Berechnung dimensionsloser Kennzahlen wird üblicherweise der hydraulische Durchmesser benötigt. Dieser berechnet sich im Falle der Schwammstrukturen aus der Porosität und der spezifischen (geometrischen) Oberfläche. Da auf Grund der hohen Mikroporosität die Oberflächenbestimmung nach dem BET-Verfahren (DIN ISO 9277) nicht möglich war, wurden Messungen mit Hilfe der bildgebenden Kernspintomographie durchgeführt. Zur Auswertung der Kernspinaufnahmen wurde eine Auswerteroutine entwickelt. Es ergaben sich spezifische Oberflächen in der Größenordnung von 600 m^{-1} für 10 ppi-Schwämme (große Poren) bis 2100 m^{-1} für 45 ppi-Schwämme (kleine Poren). Zur Vorausberechnung der spezifischen Oberfläche anhand einfach experimentell bestimmbarer Schwammparameter wurde folgende Korrelation an die experimentellen Daten angepasst:

$$S_v = 2{,}87 \cdot \frac{1}{d_{Steg} + d_{Fenster}} \cdot (1 - \psi)^{0{,}25} \qquad\qquad \textbf{(Gl. 3.4)}$$

Diese Korrelation bietet den Vorteil, die spezifische Oberfläche mit Hilfe von Steg- und Fensterdurchmesser, welche einfach aus Lichtmikroskopiebildern bestimmbar sind, auch ohne die Durchführung von Kernspintomographie-Messungen zu ermitteln. Zur Aufstellung der Korrelation wurden für alle untersuchten Proben Steg- und Fensterdurchmesser mit Hilfe der Licht-mikroskopie bestimmt.

Im zweiten Schritt wurde zunächst erfolgreich ein Strömungskanal aufgebaut, welcher es ermöglichte, Leerrohrgeschwindigkeiten bis zu 6 m s^{-1} und Fluidtemperaturen bis zu 400 °C zu realisieren. Dabei konnte die eigentliche Schwamm-Messstrecke, welche als Doppelmantel ausgeführt wurde, getrennt vom übrigen Kanal beheizt oder gekühlt werden. Der Strömungskanal ermöglichte die Bestimmung des Druckverlustes über die Schwammprobe sowie die Erfassung der Temperatur an mehreren Stellen der Strömung wie auch im Schwamm.

Der Wärmeübergangskoeffizient wurde mit einer instationären Methode durch Anpassung von berechneten an gemessene Temperaturprofile numerisch ermittelt. Die Berechnung basiert auf einem heterogenen Modell, die Energie-gleichungen zur Formulierung des berechneten Temperaturprofils bilden dabei ein gekoppeltes partielles Differentialgleichungssystem und wurden mit der Toolbox der Firma NAG in Matlab gelöst. Die Wärmeübergangskoeffizienten folgen bei Steigerung der Leerrohrgeschwindigkeit für alle untersuchten Schwammtypen dem Verlauf einer Potenzfunktion. Die volumenspezifischen Wärmeübergangskoeffizienten (Produkt aus Wärmeübergangskoeffizient und spezifischer Oberfläche) folgen dabei einem eindeutigen Trend mit der ppi-Zahl: mit steigender ppi-Zahl nimmt der volumenspezifische Wärmeübergangs-koeffizient zu. Eine eindeutige Abhängigkeit von der Porosität und des Feststoffmaterials konnte für den Wärmeübergang nicht festgestellt werden. Der Vergleich der Wärmeübergangskoeffizienten hingegen zeigt weder von der Zellgröße noch von der Porosität und dem Feststoffmaterial eine signifikante Abhängigkeit. Die Werte liegen zwischen 40 W m^{-2} K^{-1} für eine Leerrohr-geschwindigkeit von 0,5 m s^{-1} bis zu 550 W m^{-2} K^{-1} für Geschwindigkeiten knapp über 5 m s^{-1}. Weiterhin ist es gelungen, die experimentellen Daten aller untersuchten Schwammtypen mit einem Potenzansatz zu korrelieren. Durch die Multiplikation der experimentell bestimmten Nusselt-Zahlen mit Hilfe einer Korrekturfunktion, welche sich aus dem Produkt zweier charakteristischer Faktoren zusammensetzt, konnte die Abweichung der experimentellen Daten um die Mittelwertkurve reduziert werden. Der erste Faktor (C_{Re}) gewichtet dabei den Einfluss der Leerrohrgeschwindigkeit, der zweite Faktor (C_{geo}) erfasst strukturelle Unterschiede in Form eines Verhältnisses des typspezifischen hydraulischen Durchmessers bezogen auf den Mittelwert über alle Schwämme. Die abgeleitete Korrelation erfasst 94 % der Messdaten mit einem maximalen Fehler von ± 40 % und lautet:

$$Nu = 0{,}57 \cdot Re^{2/3} \cdot Pr^{1/3} \cdot C_{Re} \cdot C_{geo} \qquad \text{für } 50 < Re < 1500 \qquad \text{(Gl. 5.21)}$$

$$\text{mit } C_{Re} = \left(\frac{Re+1}{Re+1000}\right)^{0{,}25} \quad \text{und} \quad C_{geo} = \left(\frac{d_h \cdot l^{-1}}{\left(d_h \cdot l^{-1}\right)_{gemittelt}}\right)^{1{,}5}$$

Im selben Strömungskanal wurden anschließend Experimente zur Bestimmung des Druckverlustes der verschiedenen Schwammproben durchgeführt. Hierzu wurde der Leerrohrgeschwindigkeitsbereich durch die Verwendung eines zusätzlichen Gebläses bis auf 9 m s^{-1} erweitert. Wie erwartet, zeigen Schwammproben mit kleinen Poren (hohe ppi-Zahl) und niedriger Porosität einen vergleichsweise höheren Druckverlust. Dabei wurden Druckverluste bis zu 1320 mbar m^{-1} bei einer maximalen Leerrohrgeschwindigkeit von 9 m s^{-1} gemessen. Der Verlauf der Druckverlustdaten in Abhängigkeit der Leerrohrgeschwindigkeit entspricht einem Polynom zweiter Ordnung. Die experimentellen Daten wurden schließlich mit Hilfe einer Funktion zweiter Ordnung ähnlich der Ergun-Gleichung für Kugelschüttungen korreliert. Es ergab sich folgende, für alle untersuchten Schwammtypen gültige Bestimmungsgleichung mit einem Fehler-Intervall von ± 20 % für $10 < Re < 3900$:

$$\frac{\Delta p}{\Delta L} = 110 \cdot \frac{\eta_f}{\psi \cdot d_h^2} \cdot u_0 + 1{,}45 \cdot \frac{\rho_f}{\psi^2 \cdot d_h} \cdot u_0^2 \quad \text{mit } d_h = 4 \cdot \frac{\psi}{S_v} \qquad \text{(Gl. 4.11)}$$

In Zukunft ist es mit Hilfe dieser Korrelation auch umgekehrt möglich, anhand von Druckverlustmessungen den hydraulischen Durchmesser zu berechnen, so dass zeitaufwendige und teure Kernspintomographie-Experimente zur Bestimmung der spezifischen Oberfläche entfallen würden. Für die praktische Anwendung und erste Abschätzung des hydraulischen Durchmessers (und folglich auch der spezifischen Oberfläche) wurde zudem eine Korrelation auf Basis der ppi-Zahl entwickelt, gleichwohl diese auf Grund der ungenauen Herstellerangaben zur ppi-Zahl mit großen Fehlern behaftet ist. Sie lautet:

$$d_h = 0{,}028 [m] \cdot ppi^{-0{,}721} \qquad \text{(Gl. 4.12)}$$

Ein Vergleich der Druckverlustdaten der Schwämme mit konventionellen, technisch relevanten und in Reaktoren oft eingesetzten Kugelschüttungen ($\psi \approx 40\,\%$) ergab, dass Schwämme bei gleichem hydraulischen Durchmesser einen niedrigeren Druckverlust besitzen.

Für Schüttungen und verschiedene Typen von Wärmeübertragern ist aus der Literatur gut bekannt, dass der Wärmeübergang proportional zum Druckverlust mit der Potenz 1/3 ist. Diese Abhängigkeit wird durch die sog. „Verallgemeinerte Lévêque-Gleichung" beschrieben. In dieser Arbeit wurde deren Anwendbarkeit auf keramische Schwämme überprüft. Die Kopplung der Druckverlustdaten mit den Wärmeübergangsdaten ergab schließlich rein qualitativ, dass auch für keramische Schwämme diese Form der Wärme-Impulsanalogie tendenziell erfüllt ist. Dennoch weisen die Daten auf Grund zum Teil großer struktureller Unterschiede in Folge des Herstellungsprozesses eine breite Streuung um die Mittelwertkurve auf. Um diese zu minimieren, wurden analog zur oben beschriebenen Nusselt-Reynolds-Korrelation die experimentell ermittelten Nusselt-Zahlen mit derselben Korrekturfunktion multipliziert. Dadurch ergab sich folgende Korrelation mit einer Fehlertoleranz von $\pm\,40\,\%$, innerhalb welcher 93 % aller Daten liegen:

$$Nu = 0{,}45 \cdot Hg^{\frac{1}{3}} \cdot Pr^{\frac{1}{3}} \cdot C_{Re} \cdot C_{geo} \qquad \text{für } 50 < Re < 1500 \qquad \textbf{(Gl. 5.16)}$$

Die Implementierung der Korrekturfunktion bewirkt eine Reduzierung der Abweichung der Datenpunkte von der Mittelwertkurve, so dass diese näher zu einander korrelieren. Damit ist es gelungen, die experimentellen Daten des Druckverlustes mit denen des Wärmeübergangs ähnlich dem Modell nach Lévêque zu koppeln und eine Berechnungsgrundlage zu schaffen. So kann in Zukunft aus einfach realisierbaren Druckverlustexperimenten auf den Wärme-übergangskoeffizient geschlossen werden, wodurch zeit- und arbeitsaufwendige Experimente zur direkten Bestimmung des Wärmeübergangskoeffizienten nicht mehr nötig sind.

Wie bereits oben angedeutet, ist bei der wärmetechnischen Auslegung eines Reaktors anhand eines homogenen Modells die sog. Zweiphasen-Wärme-leitfähigkeit bei stagnierendem wie auch bei strömenden Fluid von besonderem Interesse. Für die Bestimmung der Zweiphasen-<u>Ruhe</u>wärmeleitfähigkeit wurde zunächst eine Zweiplattenapparatur aufgebaut. Hierbei wurden definierte Temperaturgradienten über den Schwamm bei verschiedenen Temperatur-niveaus bis 100 °C angelegt und messtechnisch bestimmt. Die Auswertung erfolgte mit Hilfe eines expliziten Differenzenverfahrens durch Bilanzierung der

Wärmeströme in axialer und radialer Richtung. Die Zweiphasen-Ruhewärme-leitfähigkeit wurde durch Anpassung des berechneten an das gemessene Temperaturfeld bestimmt. Dabei wurde für alle Schwammtypen eine signifikante Abhängigkeit der Zweiphasen-Ruhewärmeleitfähigkeit von der Porosität, nicht aber von der ppi-Zahl und des Temperaturniveaus festgestellt. Für Porositäten um 80 % lagen die experimentellen Werte für Al_2O_3-Schwämme in der Größenordnung um $2,6\ W\,m^{-1}\,K^{-1}$, bei OBSiC-Schwämmen um $1,5\ W\,m^{-1}\,K^{-1}$ und bei Mullit-Schwämmen um $0,4\ W\,m^{-1}\,K^{-1}$. Die Korrelation der experimentellen Daten erfolgte anhand der Kombination von Widerständen ähnlich dem Krischer-Modell für Schüttungen. Dabei wurden sowohl die Serien- als auch die Parallelschaltung der Reinstoffwärmeleitfähigkeiten von Fluid und Keramik in einer Parallelschaltung miteinander kombiniert und an die experimentellen Schwammdaten mit Hilfe eines Gewichtungsfaktors angepasst. Es ergab sich:

$$\lambda_{2Ph,0} = 0{,}54 \cdot \lambda_{seriell} + 0{,}46 \cdot \lambda_{parallel} \qquad \textbf{(Gl. 6.6)}$$

$$\text{mit } \lambda_{seriell} = \frac{1}{\psi/\lambda_f + (1-\psi)/\lambda_s} \quad \text{und} \quad \lambda_{parallel} = \psi \cdot \lambda_f + (1-\psi)\cdot \lambda_s$$

Ein Vergleich der Zweiphasen-Ruhewärmeleitfähigkeit der Schwämme mit technisch relevanten Kugelschüttungen ($\psi \approx 40\ \%$) gleichen hydraulischen Durchmessers ergab, dass Schwämme eine bis zu zehn Mal bessere Wärme-leitfähigkeit besitzen. Dies liegt vor allem daran, dass bei Kugelschüttungen infolge des Punktkontaktes zwischen den Kugeln höhere Wärmeübergangs-widerstände bestehen als bei Schwämmen, welche auf Grund der Vernetzung der Stege eine kontinuierliche feste Phase besitzen.

Für die Bestimmung der axialen Zweiphasen-Wärmeleitfähigkeit wurde ein vertikal montierter Strömungskanal erfolgreich aufgebaut. Dabei wurde der Schwamm von unten mit Luft bei Raumtemperatur durchströmt, während er entgegen der Strömungsrichtung mit einer IR-Lampe beheizt wurde. Aus dem Temperaturprofil auf der Mittelachse des Schwammes konnten dann für verschiedene Leerrohrgeschwindigkeiten bis $1\ m\,s^{-1}$ die axiale Zweiphasen-Wärmeleitfähigkeit analytisch berechnet werden. Es wurde eine signifikante Abhängigkeit der axialen Zweiphasen-Wärmeleitfähigkeit von der Porosität, nicht aber von der ppi-Zahl festgestellt. Ein Materialeinfluss konnte für kleine Fluidgeschwindigkeiten beobachtet werden, ab ca. $0,5\ m\,s^{-1}$ wurde der Unter-schied zwischen den verschiedenen Schwammtypen jedoch verschwindend gering. Im untersuchten Leerrohrgeschwindigkeitsbereich bis ca. $1\ m\,s^{-1}$ zeigen die experimentell ermittelten axialen Zweiphasen-Wärmeleitfähigkeiten für alle untersuchten Schwammtypen eine lineare Zunahme mit der Leerrohr-geschwindigkeit. Dieser Zusammenhang wurde bereits auch für Kugel-schüttungen beobachtet und ist in der Literatur gut dokumentiert. Die experimentellen Daten wurden dimensionslos korreliert und es ergab sich folgende Bestimmungsgleichung für die „axiale Zweiphasen-Péclet-Zahl", woraus in Zukunft die axiale Zweiphasen-Wärmeleitfähigkeit innerhalb einer Fehlertoleranz von ± 40 % berechenbar ist:

$$PE_{ax} = \frac{\rho_f \cdot c_{p,f} \cdot u_0 \cdot d_h}{\psi \cdot \lambda_{2Ph,ax}} = \left(87 \cdot \frac{1}{Pe} + 0,84\right)^{-1} \quad \text{für } 10 < Pe < 400 \quad \textbf{(Gl. 6.14)}$$

Eine explizite experimentelle Bestimmung der Zweiphasen-Wärmeleit-fähigkeit mit stagnierendem Fluid (Leerrohrgeschwindigkeit 0 m s^{-1}) ist grund-sätzlich mit dieser Methode nicht möglich. Dennoch kann durch Extrapolation der Ausgleichsgeraden durch die experimentellen Werte zu einer theoretischen Anströmgeschwindigkeit von 0 m s^{-1} hin mit dieser Methode die Zweiphasen-<u>Ruhe</u>wärmeleitfähigkeit implizit bestimmt werden. Ein Vergleich der auf diese Weise ermittelten mit den zuvor mit Hilfe der Zweiplattenapparatur bestimmten Werte ergab eine sehr gute Übereinstimmung und damit Validierung der ermittelten Zweiphasen-Ruhewärmeleitfähigkeiten. Ein Vergleich zwischen Schwämmen und konventionellen Kugelschüttungen zeigt auch hier, dass Schwämme mit vergleichbarem hydraulischen Durchmesser höhere axiale Zwei-phasen-Wärmeleitfähigkeiten aufweisen.

Die Bestimmung der radialen Zweiphasen-Wärmeleitfähigkeit erfolgte wieder mit Hilfe des Strömungskanals, welcher bereits für die Bestimmung des Wärmeübergangskoeffizienten und des Druckverlustes benutzt wurde. Dabei wurden stationäre Experimente mit definiertem radialen Temperaturgradienten durchgeführt. Die numerische Berechnung der radialen Zweiphasen-Wärmeleitfähigkeit erfolgte durch Anpassung berechneter Temperaturprofile an experimentell bestimmte. Dazu wurde die Energiegleichung mit Hilfe eines Solvers aus der Toolbox der Firma NAG in Matlab gelöst. Die auf diese Weise bestimmten experimentellen Werte zeigen eine signifikante Abhängigkeit von der Porosität und von der ppi-Zahl. Ein minimaler Materialeinfluss konnte für niedrige Leerrohrgeschwindigkeiten beobachtet werden, ab ca. 1,5 m s^{-1} wird dieser jedoch verschwindend klein. Für die Korrelation der Absolutwerte der radialen Zweiphasen-Wärmeleitfähigkeit mit der Leerrohrgeschwindigkeit konnte analog zur axialen Zweiphasen-Wärmeleitfähigkeit ein linearer Zusammenhang festgestellt werden. Die experimentellen Daten wurden schließlich dimensionslos korreliert und es ergab sich folgende Bestimmungsgleichung für die „radiale Zweiphasen-Péclet-Zahl", woraus in Zukunft die radiale Zweiphasen-Wärmeleitfähigkeit innerhalb einer Fehlertoleranz von ± 25 % berechenbar ist:

$$PE_r = \frac{\rho_f \cdot c_{p,f} \cdot u_0 \cdot d_h}{\psi \cdot \lambda_{2Ph,r}} = \left(9{,}96 \cdot \frac{1}{Pe} + 0{,}15 \right)^{-1} \quad \text{für } 20 < Pe < 500 \quad \textbf{(Gl. 6.22)}$$

Zusammenfassend ergibt sich, dass es in der hier vorliegenden Arbeit gelungen ist, anhand einer breiten Basis von verschiedenen Schwammtypen (Variation von Material, Porosität und Zellgröße/ ppi-Zahl) Korrelationen für wichtige wärmetechnische Kenngrößen aufzustellen. Dabei wurde stets darauf geachtet, für den Anwender praktische Korrelationen unter Berücksichtigung aller untersuchten Schwammtypen herzuleiten. Auf Grund der entdimensionierten Form der Korrelationen steht eine Übertragbarkeit auf andere Geometrien (und evtl. auch Fluide, wobei dies zu prüfen gilt) in Aussicht. Die Auswahl der Experimente zur anschließenden Korrelation der Ergebnisse wurde derart getroffen, dass dem Anwender bei der Aufstellung eines homogenen bzw. heterogenen Modells zur Bilanzierung der Schwammstruktur je nach Praktikabilität und nötigem Komplexitätsgrad die in der Wärmeübertragung notwendigen Grundparameter zur Verfügung stehen. Dies sind für das homogene Modell die axiale und radiale Zweiphasen-Wärmeleitfähigkeit sowie die Zweiphasen-Ruhewärmeleitfähigkeit und für das heterogene Modell der Wärmeübergangskoeffizient und der Druckverlust. Dabei ist es gelungen, diese Kenngrößen als Funktion verschiedener Parameter wie der Porosität, der Zellgröße, des Materials und der Leerrohrgeschwindigkeit in eindeutigen und physikalisch sinnvollen Korrelationen darzustellen. Damit konnte die am Anfang formulierte Arbeitshypothese bestätigt werden, welche gefordert hat, dass in der Literatur für Kugelschüttungen angegebene Korrelationen unter Parameteranpassung auch auf keramische Schwämme anwendbar sind.

Ein Vergleich mit den oft in der Industrie verwendeten Kugelschüttungen führte dazu, dass Schwämme in den meisten Anwendungsfällen potentiell positiver zu bewerten sind. Jedoch ist der Einbau von Schwammkörpern in großen Reaktoren oder Apparaten erschwert und sehr zeitaufwendig. Aus diesem Grund kommen Schwämme in ihrer jetzigen Form in Zukunft höchstwahrscheinlich nur für Spezialanwendungen in Frage, nicht aber als Massenprodukt in großen Reaktoren oder oft neu zu bestückenden Apparaten.

7.2 Ausblick

In zukünftigen Arbeiten steht eine Überprüfung der Anwendbarkeit bzw. Übertragbarkeit der hier in dieser Arbeit entwickelten Korrelationen auf andere Fluide in Aussicht. Dies sollte zwar generell möglich sein, da die Korrelationen in dimensionloser Form formuliert und somit Stoffwerte berücksichtigt wurden, jedoch könnte bei Fluiden mit anderen Viskositäten weitere Effekte (wie z. B. in Folge der Kapillarkraft bei Flüssigkeiten) innerhalb der Schwammstruktur auftreten, die bisher nicht berücksichtigt wurden.

An verschiedenen Stellen wurde in der Auswertung der experimentellen Daten darauf hingewiesen, dass die hier verwendeten Schwammproben kommerziell von einem Metallschmelzenfilter-Hersteller bezogen wurden. Dementsprechend ist auch der Anspruch an die Qualität der Proben gering. So kann es vorkommen, dass Probekörper gleichen Typs morphologische Unterschiede aufweisen sowie eine variable Anzahl an verschlossenen Fenstern besitzen. Hier wäre es für die Zukunft wünschenswert, einwandfreie und gut reproduzierbare Schwammproben beziehen zu können. Dies könnte prinzipiell die Fehlertoleranz der hier aufgestellten Korrelationen senken und damit die Vorausberechnung wichtiger Kenngrößen optimieren.

In den hier für die Experimente verwendeten moderaten Temperaturbereichen konnte bisher kein expliziter Strahlungseinfluss festgestellt werden. In weiteren Arbeiten könnten ähnliche Versuche bei Temperaturen bis nahe der Schmelztemperatur der Keramiken (ca. 1200 °C) durchgeführt werden. In der Literatur gibt es bisher keine umfassenden und zuverlässigen Studien zur Berücksichtigung von Strahlung in den Berechnungsmodellen. Meistens basiert die Einbeziehung der Strahlung in Simulationen auf Erfahrungswerten. Interessant könnten derartige Versuche vor allem hinsichtlich Hochtemperaturanwendungen wie beispielsweise bei der Verwendung keramischer Schwämme in Porenbrennern oder Beheizungssystemen sein.

8 Literaturverzeichnis

[1] **L. C. Aamodt, J. C. Murphy**, *Photothermal measurements using a localized exication source*, Journal of Applied Physics, 52 (8), 1981, 4903-4914

[2] **A. N. Abramenko, A. S. Kalinichenko, Y. Burster, V. A. Kalinichenko, S. A. Tanaeva, L. P. Vasilenko**, *Determination of the thermal conductivity of foam aluminium*, Journal of Engineering and Thermophysics 72 (3), 1999, 369-373

[3] **J. Adler, G. Standtke**, *Offenzellige Schaumkeramik Teil 1*, Keramische Zeitschrift 55 (9), 2003a, 694-703

[4] **J. Adler, G. Standtke**, *Offenzellige Schaumkeramik Teil 2*, Keramische Zeitschrift 55 (10), 2003b, 786-792

[5] **A. Bhattacharya, V. V. Calmidi, R. L. Mahajan**, *Thermophysical properties of high porosity metal foams*, International Journal of Heat and Mass Transfer 45 (5), 2002, 1017-1031

[6] **R. Bird, W. Stewart, E. Lightfoot**, *Transport Phenomena*, second edition, John Wiley and Sons, Inc., New York, 2007, 188-200

[7] **K. Boomsma, D. Poulikakos**, *On the effective thermal conductivity of a three-dimensionally structured fluid-saturated metal foam*, International Journal of Heat and Mass Transfer 44 (4), 2001, 827-836

[8] **F. Buciuman, B. Kraushaar-Czarnetzki**, *Ceramic foam monoliths as catalyst carriers. 1. adjustment and description of the morphology*, Industrial & Engineering Chemistry, 42 (9), 2003, 1863-1869

[9] **V. V. Calmidi, R. L. Mahajan**, *The effective thermal conductivity of high porosity fibrous metal foams*, Transactions of the ASME, 121 (2), 1999, 466-471

[10] **V. V. Calmidi, R. L. Mahajan**, *Forced convection in high porosity metal foams*, Journal of Heat Transfer, 122 (3), 2000, 557-565

[11] **A. Cybulski, M. J. van Dalen, J. W. Verkerk, P. J. van den Berg**, *Effective thermal conductivity of packed beds of silicon-copper particles*, Chemical engineering Science, 30 (9), 1975, 1011-1013

[12] **S. Decker, S. Mößbauer, S. Nemoda, D. Trimis, T. Zapf**, *Detailed experimental characterization and numerical modelling of heat and mass transport properties of highly porous media for solar receivers and porous burners*, 6th International Conference on Technologies and Combustion for a Clean Environment (Clean Air VI), Porto, Portugal, 2001

[13]   **S. Decker, F. Durst, d. Trimis, S. Nemoda, V. Stamatov, M. Steven, M. Becker, T. Fend, B. Hoffschmidt, O. Reutter**, *Thermisch beaufschlagte Porenkörper und deren Durchströmungs- und Wärmeübertragungseigenschaften*, Abschlussbericht, DFG Projekt DU 101/55-1, 2002

[14]   **DIN 51913**, *Prüfung von Kohlenstoffmaterialien − Bestimmung der Dichte mit einem Gaspyknometer (volumetrisch) unter Verwendung von Helium als Messgas − Feststoffe*, 05-2001

[15]   **DIN 66137-2**, *Bestimmung der Dichte fester Stoffe − Teil 2: Gaspyknometrie*, 12-2004

[16]   **DIN EN 821-3**, *Hochleistungskeramik − Monolithische Keramik − Thermophysikalische Eigenschaften − Teil 3: Bestimmung der spezifischen Wärmekapazität*, 04-2005

[17]   **DIN EN 821-2**, *Hochleistungskeramik − Monolithische Keramik − Thermophysikalische Eigenschaften − Teil 2: Messung der Temperaturleitfähigkeit mit dem Laserflash (oder Wärmeimpuls)−Verfahren*, 08-1997

[18]   **J. P. Du Plessis, A. Montillet, J. Comiti, J. Legrand**, *Pressure drop prediction for flow through high porosity metallic foams*, Chemical Engineering Science, 49 (21), 1994, 3545-3553

[19]   **J. P. Du Plessis, S. Woudberg,** *Pore-scale derivation of the Ergun equation to enhance its adaptability and generalization*, Chemical Engineering Science, 63 (9), 2008, 2576-2586

[20]   **D. Edouard, M. Lacroix, C. Huu, F. Luck**, *Pressure drop modelling on SOLID foam: State-of-the-art correlation*, Chemical Engineering Journal, 144 (2), 2008, 299-311

[21]   **M. F. Edwards, J. F. Richardson**, *Gas dispersion in packed beds, Chemical Engineering Science*, 23 (2), 1968, 109-123

[22]   **S. Ergun**, *Fluid Flow Through Packed Columns*, Chemical Engineering Progress, 48 (2), 1952, 89-94

[23]   **G. I. Garrido, F. C. Patcas, S. Lang, B. Kraushaar-Czarnetzki**, *Mass transfer and pressure drop in ceramic foams: A description for different pore sizes and porosities*, Chemical Engineering Science, 63 (21), 2008, 5202-5217

[24]   **G. I. Garrido, B. Kraushaar-Czarnetzki**, *A general correlation for mass transfer in isotropic and anisotropic solid foams*, Chemical Engineering Science, 65 (6), 2010, 2255-2257

[25]   **L. Giani, G. Groppi, E. Tronconi**, *Mass-transfer characterization of metallic foam as supports for structured catalysts*, Industrial Engineering Chemistry Research, 44 (14), 2005, 4993-5002

[26]   **R. Goedecke**, *Fluid-Verfahrenstechnik, Grundlagen, Methodik, Technik, Praxis*, Band 1, 2006, Wiley-VCH Verlag GmbH & Co. KgaA, Weinheim, 248, 256-275

[27]   **J. Große, B. Dietrich, H. Martin, M. Kind, J. Vicente, E. H. Hardy**, *Volume Image Analysis of Ceramic Sponges*, Chemical Engineering & Technology, 31 (2), 2008, 307-314

[28]   **J. Große, B. Dietrich, G. I. Garrido, P. Habisreuther, N. Zarzalis, H. Martin, M. Kind, B. Kraushaar-Czarnetzki**, *Morphological characterisation of ceramic sponges for applications in chemical engineering*, Industrial Engineering and Chemistry Research, 48 (23), 2009, 10395-10401

[29]   **E. H. Hardy**, *Magnetic Resonance Imaging in Chemical Engineering: Basics and Practical Aspects*, Chemical Engineering and Technology, 29 (7), 2006, 785-795

[30]   **D. P. H. Hasselman, K. Y. Donaldson, A. L. Geiger**, *Effect of reinforcement particle size on the thermal conductivity of a particulate-silicon carbide-reinforced aluminium matrix composite*, Journal of the American Ceramic Society, 75 (11), 1992, 3137-3140

[31]   http://www.gogas.com; Stand 25.03.2010

[32]   http://www.nag.co.uk/numeric/MB/manual_22_1/pdf/D03/d03conts.html, (d03ra-Solver, d03pe-Solver, d03ed-Solver); Stand 18.02.2010

[33]   http://www.promeos.com; Stand 15.04.2010

[34]   **M. D. M. Innocentini, V. R. Salvini, A. Macedo, V. C. Pandolfelli**, *Prediction of ceramic foams permeability using Ergun's equation*, Materials Research, 2 (4), 1999, 283-289

[35]   **B. K. Jang, Y. Sakka**, *Influence of microstructure on the thermophysical properties of sintered SiC ceramics,* Journal of Alloys and Compounds, 463 (1-2), 2008, 493-497

[36]   **W. Kollenberg**, *Technische Keramik: Grundlagen Werkstoffe Verfahrenstechnik*, Essen, Vulkan Verlag 2004

[37]   **I. Kurtbas, N. Celik**, *Experimental investigation of forced and mixed convection heat transfer in a foam-filled horizontal rectangular channel*, International Journal of Heat and Mass Transfer, 52 (5-6), 2009, 1313-1325

[38]   **P. K. Kuo, M. J. Lin, C. B. Reyes, L. D. Favro, R. L. Thomas, D. S. Kim, Shu-Yi Zhang, L. J. Inglehart, D. Fournier, A. C. Boccara, and N. Yacoubi**, *Mirage-effect measurement of thermal diffusivity. Part I: experiment*, Canadian Journal of Physics, 64 (9), 1986, 1165-1167

[39] **M. Lacroix, P. Nguyen, D. Schweich, C. Huu, S. Savin-Poncet, D. Edouard**, *Pressure drop measurements and modelling on SiC foams*, Chemical Engineering Science, 62 (12), 2007, 3259-3267

[40] **A. Lévêque**, *Les lois de la transmission de chaleur par convection*, Anales des Mines, 13, 1928, 201-299, 305-362, 381-415

[41] **J. F. Liu, W. T. Wu, W. C. Chiu, W. H. Hsieh**, *Measurement and correlation of friction characteristic of flow through foam matrixes*, Experimental Thermal and fluid Science, 30 (4), 2006, 329-336

[42] **E. Maire, P. Colombo, J. Adrien, L. Babout, L. Biasetto**, *Characterization of the morphology of cellular ceramics by 3D image processing of X-ray tomography*, Journal of the European Ceramic Society, 27 (4), 2007, 1973-1981

[43] **H. Martin**, *A theoretical approach to predict the performance of chevron-type plate heat exchangers*, Chemical Engineering and Processing, 35 (4), 1996, 301-310

[44] **H. Martin**, *The generalized Lévêque equation and its practical use for the prediction of heat and mass transfer rates from pressure drop*, Chemical Engineering Science, 57 (16), 2002, 3217-3223

[45] **S. Masamune, J. M. Smith**, *Thermal conductivity of porous catalyst pellets*, Journal of Chemical and Engineering Data, 8 (1), 1963, 54-58

[46] **E. A. Moreira, J. R. Coury**, *The influence of structural parameters on the permeability of ceramic foams*, Brazilian Journal of Chemical Engineering, 21 (1), 2004, 23-33

[47] **E. A. Moreira, M. D. M. Innocentini, J. R. Coury**, *Permeability of ceramic foams to compressible and incompressible flow*, Journal of the European Ceramic Society, 24 (10-11), 2004, 3209-3218

[48] **R. Morell**, *Handbook of Properties of Technical and Engineering Ceramics, part 2: Data Reviews, Section I, High-Alumina Ceramics*, Her Majesty's Stationary Office, London, 1987, 255

[49] **R. Morell**, *Handbook of Properties of Technical and Engineering Ceramics, part 1: An introduction for the Engineer and Designer*, Her Majesty's Stationary Office, London, 1985, 70 (Dichte), 87 (Wärmeleit-fähigkeit)

[50] **H. Oertel jr., M. Böhle**, *Strömungsmechanik*, 2. Auflage, Vieweg & Sohn Verlagsgesellschaft mbH, Braunschweig/ Wiesbaden, 2002, 94-95

[51] **K. Ofuchi, D. Kunii**, *Heat-transfer characteristics of packed beds with stagnant fluids*, International Journal of Heat and Mass Transfer, 8 (5), 1965, 749-757

[52] **J. Ohser, F. Mücklich**, *Statistical Analysis of Microstructures in Material Science*, John & Wiley, Chichester, UK 2000

[53] **J. W. Paek, B. H. Kang, S. Y. Kim, J. M. Hyun**, *Effective thermal conductivity and permeability of aluminium foam materials*, International Journal of Thermophysics 21 (2), 2000, 453-464

[54] **H. L. Pan, O. Pickenäcker, K. Pickenäcker, D. Trimis, S. Mößbauer, K. Wawrzinek, T. Weber**, *Experimental Determination of effective heat conductivities of highly porous media, Industrial furnaces and boilers*, European Conference N°5, Espinho-Porto, Portugal, 2002, 661-673

[55] **Y. Peng, J. T. Richardson**, *Properties of ceramic foam catalyst supports: one-dimensional and two-dimensional heat transfer correlations*, Applied Catalyses A: General 266, 2004, 235-244

[56] **R. Pitz-Paal, R. Buck, B. Hoffschmidt**, *Solarturmkraftwerkssysteme*, Forschungsverbund Sonnenenergie, 2002

[57] **A. Reitzmann, F. C. Patcas, B. Kraushaar-Czarnetzki**, *Keramische Schwämme – Anwendungspotential monolithischer Netzstrukturen als katalytische Packungen*, Chemie Ingenieur Technik, 78 (7), 2006, 885-898

[58] **J. T. Richardson, Y. Peng, D. Remue**, *Properties of ceramic foam catalyst supports: pressure drop*, Applied Catalysis A: General 204, 2000, 19-32

[59] **J. T. Richardson, D. Remue, J.-K. Hung**, *Properties of ceramic foam catalyst supports: mass and heat transfer*, Applied Catalysis A: General, 250 (2), 2003, 319-329

[60] **A. Salazar, A. Sánchez-Lavega, J. Férnandez**, *Thermal diffusivity measurements in solids by the mirage technique : Experimental results*, Journal of Applied Physics 69 (3), 1991, 1216-1223

[61] **A. Salnick, W. Faubel, H. Klewe-Nebenius, A. Vendel, H.J. Ache**, *Photothermal studies of copper patina formed in the atmosphere*, Corrosion Science, 37 (5), 1995, 741-767

[62] **A. Schlegel, P. Benz, S. Buser**, *Wärmeübertragung und Druckabfall in keramischen Schaumstrukturen bei erzwungener Strömung*, Wärme- und Stoffübertragung, 28 (5), 1993, 259-266

[63] **E. U. Schlünder, E. Tsotsas**, *Wärmeübertragung in Festbetten, durchmischten Schüttgütern und Wirbelschichten*, Georg Thieme Verlag, Stuttgart, New York, 1988, 94-165

[64] **H. Schneider, K. Okada, J. A. Pask**, *Mullite and mullite ceramics*, John Wiley & Sons, New York, 1994, 29-31

[65]   **R. Singh, H. S. Kasana**, *Computational aspects of effective thermal conductivity of highly porous metal foams*, Applied Thermal Engineering 24 (13), 2004, 1841-1849

[66]   **G. Stephani**, *Multifunktionelle Leichtbauwerkstoffe – auf Basis von zellularen metallischen Werkstoffen*, GIT Labor-Fachzeitschrift, 2, 2007, 129-131

[67]   **E. Stern, J. Schadock, C. Zollfrank, P. Greil**, *Multifunktionelle keramische Schäume aus polymeren Precursorn*, Chemie Ingenieur Technik, 78 (9) 2006, 1330

[68]   **Verein Deutscher Ingenieure VDI-Gesellschaft Verfahrenstechnik und Chemieingenieurwesen (GVC)**, *VDI Wärmeatlas, Berechnungsblätter für den Wärmeübergang, Abschnitt Dbb, Stoffwerte von Luft*, zehnte, bearbeitete und erweiterte Auflage, Springer 2006

[69]   **Verein Deutscher Ingenieure VDI-Gesellschaft Verfahrenstechnik und Chemieingenieurwesen (GVC)**, *VDI Wärmeatlas, Berechnungsblätter für den Wärmeübergang, Abschnitt Dee, Wärmeleitfähigkeit von Schüttschichten*, zehnte, bearbeitete und erweiterte Auflage, Springer 2006

[70]   **Verein Deutscher Ingenieure VDI-Gesellschaft Verfahrenstechnik und Chemieingenieurwesen (GVC)**, *VDI Wärmeatlas, Berechnungsblätter für den Wärmeübergang, Abschnitt Mh, Wärmeleitung und Dispersion in durchströmten Schütungen*, zehnte, bearbeitete und erweiterte Auflage, Springer 2006

[71]   **J. Vicente, F. Topin, J.-V- Daurelle**, *Open celled material structural properties measurement: from morphology to transport properties*, Materials Transactions, 47 (9), 2006, 2195-2202

[72]   **D. Vortmeyer, W. Adam**, *Steady-state measurements and analytical correlations of axial effective thermal conductivities in packed beds at low gas flow rates*, International Journal of Heat and Mass Transfer, 27 (9), 1984, 1465-1472

[73]   **J. Votruba, V. Hlavacek, M. Marek**, *Packed bed axial thermal conductivity*, Chemical Engineering Science, 27 (10), 1972, 1845-1851

[74]   **S. Yagi, D. Kunii, N. Wakao**, *Studies on axial effective thermal conductivities in packed beds*, A.I.Ch.E. Journal, 6 (4), 1960, 543-546

[75]   **L. B. Younis, R. Viskanta**, *Experimental determination of the volumetric heat transfer coefficient between stream of air and ceramic foam*, International Journal of Heat and Mass Transfer, 36 (6), 1993, 1425-1434

Im Rahmen der hier vorliegenden Arbeit am Institut für Thermische Verfahrenstechnik durchgeführte Studien- (10) und Diplomarbeiten (2)

[1] **M. Rohmer**, *Bestimmung der Ruhewärmeleitfähigkeit fester keramischer Schwämme in Abhängigkeit der Temperatur*, Studienarbeit, Institut für Thermische Verfahrenstechnik, Universität Karlsruhe (TH), 2007

[2] **H. Belhaj**, *Untersuchung des Wärmetransports in keramischen Schwämmen mit Hilfe von CFD-Simulationen*, Diplomarbeit, Institut für Thermische Verfahrenstechnik, Universität Karlsruhe (TH), 2007

[3] **C. Vetter**, *Bestimmung strömungsrelevanter Kenngrößen keramischer Schwämme*, Studienarbeit, Institut für Thermische Verfahrenstechnik, Universität Karlsruhe (TH), 2007

[4] **L. Xu**, *Beschreibung des Impuls- und Wärmetransports in festen keramischen Schwämmen mit Hilfe von CFD-Simulationen*, Diplomarbeit, Institut für Thermische Verfahrenstechnik, Universität Karlsruhe (TH), 2008

[5] **M. Wetzel**, *Bestimmung des Wärmeübergangskoeffizienten bei keramischen Schwämmen*, Studienarbeit, Institut für Thermische Verfahrenstechnik, Universität Karlsruhe (TH), 2008

[6] **M. Raqué**, *Bestimmung der Zweiphasen-Wärmeleitfähigkeit in Abhängigkeit der Temperatur und der Leerrohrgeschwindigkeit der strömenden Luft*, Studienarbeit, Institut für Thermische Verfahrenstechnik, Universität Karlsruhe (TH), 2008

[7] **M. Schlegel**, *Bestimmung der Feststoffwärmeleitfähigkeit keramischer Schwämme*, Studienarbeit, Institut für Thermische Verfahrenstechnik, Karlsruher Institut für Technologie, 2009

[8] **J. Groneberg**, *Ausarbeitung einer Auswerteroutine zur Bestimmung des Wärmeübergangskoeffizienten keramischer Schwämme bei nicht-adiabater Wand als Randbedingung*, Studienarbeit, Institut für Thermische Verfahrenstechnik, Karlsruher Institut für Technologie, 2009

[9] **P. Bormann**, *Experimentelle Bestimmung der axialen Zweiphasen-Wärmeleitfähigkeit keramischer Schwämme*, Studienarbeit, Institut für Thermische Verfahrenstechnik, Karlsruher Institut für Technologie, 2010

[10] **A. Stettinger**, *Experimentelle Bestimmung und Modellierung des Wärmeübergangskoeffizienten bei keramischen Schwämmen*, Studienarbeit, Institut für Thermische Verfahrenstechnik, Karlsruher Institut für Technologie, 2010

[11]   **P. Lenz**, *Bestimmung fluiddynamischer, geometrischer und thermischer Eigenschaften zur grundlegenden Charakterisierung keramischer Schwämme*, Studienarbeit, Institut für Thermische Verfahrenstechnik, Karlsruher Institut für Technologie, 2010

[12]   **Ch. Gültlinger**, *Experimentelle Bestimmung der radialen Zweiphasen-Wärmeleitfähigkeit keramischer Schwämme in Abhängigkeit der Durchströmungsgeschwindigkeit*, Studienarbeit, Institut für Thermische Verfahrenstechnik, Karlsruher Institut für Technologie, 2010

Eigene Veröffentlichungen, Tagungsbeiträge und Vortragseinladungen zum Wärme- und Impulstransport in keramischen Schwämmen im Rahmen der hier vorliegenden Arbeit

Veröffentlichungen

[1]   W. Schabel, M. Abu-Khader, **B. Dietrich**, H. Martin, *Heat and Momentum Transfer in Solid Sponges – Reevaluation and Review of Literature Data*, Proceedings, International Heat Transfer Conference (IHTC 2006), Sydney, Australien, 2006

[2]   J. Große, **B. Dietrich**, H. Martin, M. Kind, J. Vicente, E. Hardy, *Volume Image Analysis of Ceramic Sponges*, Chemical Engineering and Technology **31** (2), 2008, 307-314

[3]   **B. Dietrich**, W. Schabel, M. Kind, H. Martin, *Wärmeübergang und Druckverlust bei der Durchströmung fester keramischer Schwämme*, Chemie Ingenieur Technik **80** (9), 2008, 1439

[4]   **B. Dietrich**, W. Schabel, M. Kind, H. Martin, *Pressure drop measurements of ceramic sponges – Determining the hydraulic diameter*, Chemical Engineering Science **64** (16), 2009, 3633-3640

[5]   **B. Dietrich**, M. Kind, H. Martin, *Anwendbarkeit der Lévêque-Analogie bei keramischen Schwämmen*, Chemie Ingenieur Technik **81** (8), 2009, 1122-1123

[6]   J. Große, **B. Dietrich**, G. Garrido, P. Habisreuther, N. Zarzalis, H. Martin, M. Kind, B. Kraushaar-Czarnetzki, *Morphological Characterisation of Ceramic Sponges for Applications in Chemical Engineering*, Industrial Engineering and Chemistry Research **48** (31), 2009, 10395-10401

[7]   **B. Dietrich**, G. Schell, E.C. Bucharsky, R. Oberacker, M.J. Hoffmann, W. Schabel, M. Kind, H. Martin, *Determination of the thermal properties of ceramic sponges*, International Journal of Heat and Mass Transfer **53** (1), 2010, 198-205

[8]   **B. Dietrich**, M. Schlegel, S. Heißler, M. Kind, W. Faubel, *Determination of Thermal Diffusivity of Ceramics by Means of Photothermal Beam Deflection*, Journal of Physics: Conference Series 214, 012082, 2010

[9]   **B. Dietrich**, M. Kind, H. Martin, *The Lévêque Analogy- does it work for solid sponges too?*, Proceedings, International Heat Transfer Conference (IHTC 2010), Washington D.C., USA, ASME 2010

Tagungsbeiträge

[1]   **B. Dietrich**, J. Große, W. Schabel, H. Martin, M. Kind, *Transportvorgänge in ein- und mehrphasig durchströmten festen keramischen Schwämmen*, VDI-GVC-Wärme-und Stoff-Fachausschuss, Frankfurt, 6.-7. März 2006 (Poster)

[2]   W. Schabel, M. Abu-Khader, **B. Dietrich**, H. Martin, *About Heat and Momentum Transfer in Solid Sponges*, International Heat Transfer Konferenz, Sydney, 13.-18. August 2006 (Poster)

[3]   **B. Dietrich**, J. Große, W. Schabel, H. Martin, M. Kind, *Investigations of heat and mass transfer in solid ceramic sponges*, Société Francaise de Thermique „Mousses, Transferts de Chaleur et Réactions catalytiques", Paris, 14. Dezember 2006 (Vortrag)

[4]   **B. Dietrich**, W. Schabel, H. Martin, *Wärmeübertragung in festen keramischen Schwämmen*, ProcessNet -Wärme- und Stoff-Fachausschuss, Stuttgart, 7.-9. März 2007 (Vortrag)

[5]   **B. Dietrich**, W. Schabel, H. Martin, *Wärmeleitfähigkeit keramischer Schwämme*, Workshop „Feste Schwämme", Karlsruhe, 2. Juli 2007 (Vortrag)

[6]   **B. Dietrich**, W. Schabel, H. Martin, *Wärme- und Impulsübertragung in festen keramischen Schwämmen*, ProcessNet -Wärme- und Stoff-Fachausschuss, Magdeburg, 25.-26. Februar 2008 (Poster)

[7]   **B. Dietrich**, W. Schabel, M. Kind, H. Martin, *Wärmeübergang und Druckverlust bei der Durchströmung fester keramischer Schwämme*, ProcessNet-Jahrestagung, Karlsruhe 7.-9. Oktober 2008 (Poster, Gewinn des Posterpreises)

[8]   **B. Dietrich**, M. Kind, W. Schabel, H. Martin, *Lévêque-Analogie – auch auf keramische Schwämme anwendbar?*, ProcessNet -Wärme- und Stoff-Fachausschuss, Bad Dürkheim, 3.-5. März 2009 (Vortrag)

[9]   **B. Dietrich**, M. Schlegel, S. Heißler, M. Kind, W. Faubel, *Determination of thermal diffusivity of ceramics by means of photothermal beam deflection, 15th International Conference on Photoacoustic and Photothermal Phenomena*, Leuven, 19.-23. Juli 2009 (Poster)

[10]   **B. Dietrich**, M. Kind, H. Martin, *Anwendbarkeit der Lévêque-Analogie bei keramischen Schwämmen*, ProcessNet-Jahrestagung, Mannheim 8.-10. September 2009 (Poster)

[11]   **B. Dietrich**, M. Kind, H. Martin, *Keramische Schwämme in verfahrenstechnischen Apparaten – thermische Auslegung*, ProcessNet - Wärme- und Stoff-Fachausschuss, Hamburg, 8.-10. März 2010 (Vortrag)

Vortragseinladungen

[1]   **B. Dietrich**, W. Schabel, H. Martin, *Impuls- und Wärmetransport in einphasig durchströmten keramischen Schwämmen – aktueller Stand des Projektes*, interner FOR-Workshop, Karlsruhe, 27. Januar 2006

[2]   **B. Dietrich**, W. Schabel, H. Martin, *Impuls- und Wärmetransport in einphasig durchströmten keramischen Schwämmen – aktueller Stand des Projektes*, interner FOR-Workshop, Karlsruhe, 23. Juni 2006

[3]   **B. Dietrich**, W. Schabel, H. Martin, *Impuls- und Wärmetransport in einphasig durchströmten keramischen Schwämmen – aktueller Stand des Projektes*, interner FOR-Workshop, Karlsruhe, 26. Januar 2007

[4]   **B. Dietrich**, W. Schabel, H. Martin, M. Kind, *Impuls- und Wärmetransport bei ein- und mehrphasig durchströmten festen Schwämmen – aktueller Stand des Projektes*, interner FOR-Workshop, Karlsruhe, 16. Januar 2009

[5]   **B. Dietrich**, H. Martin, M. Kind, *Impuls- und Wärmetransport bei ein- und mehrphasig durchströmten festen Schwämmen – aktueller Stand des Projektes*, interner FOR-Workshop, Karlsruhe, 15. Januar 2010

[6]   **B. Dietrich**, *Thermische Charakterisierung keramischer Schwamm-strukturen in verfahrenstechnischen Apparaten*, Graduiertenkolleg PoreNet, Universität Bremen, 17. Mai 2010

9   Anhang

9.1   Mikroskopie-Daten

Material	$\psi_{Hersteller}$	ppi	d_{Steg} / µm	σ_{Steg} / µm	$d_{Fenster}$ / µm	$\sigma_{Fenster}$ / µm
Al$_2$O$_3$	75 %	20	651	138	1529	226
	80 %	10	967	247	2253	552
		20	476	107	1091	277
		30	391	97	884	211
		45	195	50	625	146
	85 %	20	544	125	1464	359
Mullit	75 %	20	612	182	1348	299
	80 %	10	895	162	2111	327
		20	545	94	1405	233
		30	533	117	1127	158
		45	293	85	685	134
	85 %	20	510	116	1522	291
OBSiC	75 %	20	896	274	1361	442
	80 %	10	1063	134	2257	514
		20	719	133	1489	222
		30	544	113	1107	197
		45	275	72	715	114
	85 %	20	622	135	1467	254

9.2   Bestimmung der Porosität mit Hilfe der Quecksilber-porosimetrie nach DIN 66133

In eine definierte Probe wird unter Druck Quecksilber in die Hohlräume gedrückt. Durch die Ermittlung des Drucks als Funktion des eingeleiteten Quecksilbervolumens kann mit Hilfe der Washburn-Gleichung auf den Porenradius geschlossen werden:

$$r_{Pore} = \frac{2 \cdot \sigma}{p} \cdot \cos(\vartheta)$$

Dabei ist r_{Pore} der Porenradius, σ die Oberflächenspannung des Quecksilbers, p der Druck und ϑ der Kontaktwinkel des Quecksilbers auf der Probe (gemessen in der flüssigen Phase).

9.3 Bestimmung der Dichte mit Hilfe der Helium-Pyknometrie nach DIN 66137-2 und DIN 51913

Bei der Helium-Pyknometrie wird die Dichte aus dem Fülldruck p_A, dem Druck nach der Expansion p_E und den Volumina der Probenzelle V_P sowie Expansionszelle V_E wie folgt berechnet:

$$\rho = \frac{m}{V} \text{ mit } V = V_P - \left(\frac{p_E}{p_A - p_E} \right) \cdot V_E$$

Dabei ist m das Gewicht des verwendeten Pulvers der jeweiligen Probe.

9.4 Druckverlust

9.4.1 Experimentelle Daten

In der folgenden Tabelle sind die experimentell bestimmten Druckverlustdaten für Al_2O_3-Schwämme aufgelistet.

$\psi_{Hersteller}$	ppi	$u_0 / \mathrm{m\,s^{-1}}$	$\frac{\Delta p}{\Delta L} / \frac{\mathrm{mbar}}{\mathrm{m}}$	$\psi_{Hersteller}$	ppi	$u_0 / \mathrm{m\,s^{-1}}$	$\frac{\Delta p}{\Delta L} / \frac{\mathrm{mbar}}{\mathrm{m}}$
75 %	20	8,69	798,48	80 %	30	8,59	741,22
		7,72	629,75			7,64	587,52
		6,70	474,23			6,64	448,01
		5,61	334,97			5,53	315,86
		5,07	274,30			5,00	260,45
		4,51	204,21			4,44	207,87
		3,96	169,19			3,87	161,24
		3,39	125,39			3,34	122,29
		3,43	129,20			3,38	126,27
		3,07	104,32			3,06	105,40
		2,62	77,31			2,63	80,09
		2,19	54,92			2,21	59,22
		1,76	36,45			1,78	40,61
		1,30	20,90			1,34	25,62
		0,88	10,21			0,92	14,40
		0,83	17,19			0,83	12,99
		0,74	14,00			0,74	10,60
		0,65	11,00			0,65	8,60
		0,54	7,61			0,54	6,21
		0,42	4,81			0,42	4,01
		0,28	2,21			0,28	2,01
		0,16	1,01			0,16	1,01
		0,08	0,40			0,08	0,60

$\psi_{Hersteller}$	ppi	$u_0\,/\,\mathrm{m\,s^{-1}}$	$\dfrac{\Delta p}{\Delta L}\,/\,\dfrac{\mathrm{mbar}}{\mathrm{m}}$	$\psi_{Hersteller}$	ppi	$u_0\,/\,\mathrm{m\,s^{-1}}$	$\dfrac{\Delta p}{\Delta L}\,/\,\dfrac{\mathrm{mbar}}{\mathrm{m}}$
80 %	10	9,01	425,43	80 %	45	8,44	931,29
		8,02	332,87			7,49	736,88
		6,95	250,24			6,46	554,98
		5,84	177,49			5,43	398,78
		5,27	145,75			4,87	326,06
		4,68	116,61			4,33	262,41
		4,11	91,75			3,78	204,90
		3,53	69,50			3,25	155,22
		3,57	70,65			3,31	161,56
		3,09	55,08			3,05	139,70
		2,63	42,13			2,64	107,83
		2,19	31,70			2,23	80,05
		1,77	23,11			1,77	53,85
		1,34	16,24			1,31	32,93
		0,94	11,06			0,90	18,32
		0,97	5,00			0,83	20,99
		0,81	3,80			0,74	17,60
		0,65	2,48			0,66	14,20
		0,49	1,64			0,54	10,41
		0,32	0,96			0,42	7,01
		0,16	0,32			0,28	3,81
						0,16	2,01
						0,08	0,80
80 %	20	8,79	655,95	85 %	20	9,01	427,61
		7,85	516,79			8,02	336,28
		6,73	386,24			6,92	247,28
		5,61	271,84			5,82	178,86
		5,07	223,12			5,23	146,00
		4,51	178,08			4,69	117,71
		3,95	138,21			4,11	91,16
		3,40	103,86			3,49	66,95
		3,43	106,08			3,53	68,38
		3,08	86,95			3,06	52,25
		2,64	65,28			2,61	38,79
		2,22	47,44			2,18	27,76
		1,78	32,23			1,74	18,11
		1,33	19,20			1,31	10,75
		0,91	10,24			0,95	6,15
		0,97	11,40			0,91	6,60
		0,81	8,20			0,76	5,00
		0,65	5,68			0,61	3,48
		0,49	3,72			0,46	2,32
		0,32	2,16			0,30	1,36
		0,16	0,92			0,15	0,72

In der folgenden Tabelle sind die experimentell bestimmten Druckverlustdaten für OBSiC-Schwämme aufgelistet.

$\psi_{Hersteller}$	ppi	$u_0 / \mathrm{m\,s^{-1}}$	$\dfrac{\Delta p}{\Delta L} / \dfrac{\mathrm{mbar}}{\mathrm{m}}$	$\psi_{Hersteller}$	ppi	$u_0 / \mathrm{m\,s^{-1}}$	$\dfrac{\Delta p}{\Delta L} / \dfrac{\mathrm{mbar}}{\mathrm{m}}$
75 %	20	8,69	746,34	80 %	30	8,74	727,58
		7,64	578,30			7,77	570,26
		6,67	438,40			6,70	431,28
		5,57	308,09			5,64	305,28
		5,05	253,75			5,07	252,59
		4,46	200,17			4,52	201,94
		3,89	153,80			3,98	159,26
		3,34	114,51			3,40	118,08
		3,36	116,37			3,48	120,54
		3,02	94,49			3,10	98,01
		2,58	70,28			2,68	75,98
		2,13	49,20			2,25	55,48
		1,71	32,55			1,81	38,11
		1,27	18,61			1,31	22,37
		0,89	9,78			0,91	12,75
		0,97	11,00			0,97	12,60
		0,81	8,00			0,81	9,40
		0,65	5,56			0,65	6,68
		0,49	3,60			0,49	4,44
		0,32	2,16			0,32	2,76
		0,16	1,00			0,16	1,64
80 %	10	9,12	422,02	80 %	45	8,49	1063,41
		8,16	331,17			7,64	835,68
		7,12	249,65			6,52	623,10
		5,98	176,13			5,51	440,17
		5,35	143,09			4,95	383,59
		4,80	115,20			4,41	293,18
		4,20	90,27			3,84	227,44
		3,57	66,35			3,30	171,54
		3,62	67,09			3,37	177,18
		3,12	50,89			3,04	143,45
		2,66	38,14			2,65	111,50
		2,23	28,09			2,19	84,32
		1,76	18,83			1,77	57,01
		1,34	11,97			1,35	34,68
		0,92	7,11			0,91	22,85
		0,97	5,00			0,64	13,20
		0,81	3,80			0,97	21,00
		0,65	2,48			0,81	15,80
		0,49	1,52			0,65	11,08
		0,32	0,96			0,49	7,52
		0,16	0,32			0,32	4,56
						0,16	2,12

$\psi_{Hersteller}$	ppi	$u_0\,/\,\mathrm{m\,s^{-1}}$	$\dfrac{\Delta p}{\Delta L}\,/\,\dfrac{\mathrm{mbar}}{\mathrm{m}}$	$\psi_{Hersteller}$	ppi	$u_0\,/\,\mathrm{m\,s^{-1}}$	$\dfrac{\Delta p}{\Delta L}\,/\,\dfrac{\mathrm{mbar}}{\mathrm{m}}$
80 %	20	8,90	620,70	85 %	20	8,90	400,82
		7,93	483,65			7,93	314,16
		6,82	362,81			6,89	235,71
		5,77	255,96			5,77	166,45
		5,16	212,28			5,21	136,64
		4,58	168,85			4,62	108,78
		4,00	131,21			4,04	84,40
		3,41	97,74			3,46	63,30
		3,53	97,81			3,47	64,23
		3,06	75,12			3,05	51,02
		2,63	57,07			2,59	38,29
		2,20	41,60			2,16	27,87
		1,76	28,23			1,74	19,46
		1,30	17,02			1,31	12,46
		0,93	10,44			0,91	7,38
		0,97	8,20			0,97	5,60
		0,81	6,20			0,81	4,20
		0,65	4,28			0,65	2,96
		0,49	2,72			0,49	1,92
		0,32	1,76			0,32	1,24
		0,16	0,72			0,16	0,52

In der folgenden Tabelle sind die experimentell bestimmten Druckverlustdaten für Mullit-Schwämme aufgelistet.

$\psi_{Hersteller}$	ppi	$u_0\,/\,\mathrm{m\,s^{-1}}$	$\dfrac{\Delta p}{\Delta L}\,/\,\dfrac{\mathrm{mbar}}{\mathrm{m}}$	$\psi_{Hersteller}$	ppi	$u_0\,/\,\mathrm{m\,s^{-1}}$	$\dfrac{\Delta p}{\Delta L}\,/\,\dfrac{\mathrm{mbar}}{\mathrm{m}}$
75 %	20	8,54	733,73	80 %	30	8,54	833,24
		7,53	570,28			7,60	659,09
		6,55	429,79			6,55	491,73
		5,51	305,40			5,47	346,93
		4,95	249,22			4,92	281,44
		4,44	200,62			4,40	227,51
		3,86	154,86			3,85	176,74
		3,31	115,61			3,30	131,89
		3,33	118,34			3,31	133,73
		3,05	100,77			3,03	113,54
		2,62	76,10			2,60	85,17
		2,17	53,89			2,16	59,82
		1,74	36,32			1,72	39,53
		1,31	21,41			1,26	23,15
		0,88	10,76			0,90	13,10
		0,97	11,40			0,97	12,60
		0,81	8,20			0,81	9,32
		0,65	5,68			0,65	6,68
		0,49	3,72			0,49	4,40
		0,32	2,16			0,32	2,56
		0,16	0,92			0,16	1,12

$\psi_{Hersteller}$	ppi	$u_0/\mathrm{m\,s^{-1}}$	$\dfrac{\Delta p}{\Delta L}/\dfrac{\mathrm{mbar}}{\mathrm{m}}$	$\psi_{Hersteller}$	ppi	$u_0/\mathrm{m\,s^{-1}}$	$\dfrac{\Delta p}{\Delta L}/\dfrac{\mathrm{mbar}}{\mathrm{m}}$
80 %	10	8,85	545,40	80 %	45	8,16	1319,05
		7,89	430,53			7,23	1039,59
		6,85	310,80			6,21	777,83
		5,75	228,55			5,20	552,55
		5,16	185,24			4,69	455,62
		4,61	148,01			4,15	361,86
		4,02	113,72			3,64	283,23
		3,45	84,37			3,12	212,75
		3,46	85,11			3,17	220,86
		3,03	66,06			2,63	155,11
		2,61	49,58			2,19	112,97
		2,16	34,64			1,73	75,14
		1,71	22,31			1,33	47,49
		1,34	13,88			0,83	22,06
		0,90	6,68			0,87	17,73
		0,97	6,20			0,97	21,80
		0,81	4,40			0,81	16,60
		0,65	3,08			0,65	11,48
		0,49	1,92			0,49	8,32
		0,32	1,16			0,32	4,56
		0,16	0,52			0,16	2,32
80 %	20	8,85	614,08	85 %	20	8,79	486,17
		7,85	480,70			7,85	381,20
		6,76	357,75			6,82	285,78
		5,68	253,99			5,70	201,19
		5,12	208,31			5,16	164,85
		4,56	166,72			4,59	131,63
		3,99	129,61			4,00	101,47
		3,41	96,88			3,44	75,67
		3,44	100,57			3,44	76,47
		3,08	82,32			3,06	61,56
		2,60	60,84			2,61	45,93
		2,17	44,48			2,18	33,07
		1,75	31,07			1,74	21,99
		1,34	19,92			1,32	13,06
		0,90	10,97			0,89	6,64
		0,97	8,40			0,97	6,80
		0,81	6,20			0,81	5,00
		0,65	4,48			0,65	3,68
		0,49	2,92			0,49	2,32
		0,32	1,76			0,32	1,36
		0,16	0,72			0,16	0,60

9.4.2 Ermittelte Konstanten A und B in der Druckverlustkorrelation

Die folgende Tabelle gibt einen Überblick über die Konstanten A und B in der Druckverlustkorrelation, wenn diese für jeden Schwammtyp separat angepasst wird. Dabei wurden die Konstanten A und B nach Gleichung 4.9 berechnet.

		Al$_2$O$_3$		Mullit		OBSiC	
$\psi_{Hersteller}$	ppi	A	B	A	B	A	B
75 %	20	40	1,45	84	1,63	89	1,42
80 %	10	220	1,37	75	1,57	67	1,97
	20	94	1,23	112	1,60	138	1,39
	30	118	1,23	122	1,43	123	1,74
	45	104	1,17	68	1,31	114	1,74
85 %	20	50	1,01	102	1,25	53	1,54

9.4.3 Vergleich der hydraulischen Durchmesser

In Kap. 4.4.4 ist die Möglichkeit der Bestimmung des hydraulischen Durchmessers aus Druckverlustmessungen beschrieben. Folgende Tabelle stellt die auf diese Weise bestimmten Werte denen, die auf Basis der spezifischen Oberfläche (bestimmt mit der Kernspintomographie, vgl. Gleichung 4.4) ermittelt wurden, gegenüber.

		Al$_2$O$_3$		Mullit		OBSiC	
		$d_{h,\Delta p}$ /	$d_{h,Sv}$ /	$d_{h,\Delta p}$ /	$d_{h,Sv}$ /	$d_{h,\Delta p}$ /	$d_{h,Sv}$ /
$\psi_{Hersteller}$	ppi	mm	mm	mm	mm	mm	mm
75 %	20	3,46	2,75	2,94	2,90	3,22	3,34
80 %	10	4,10	4,82	4,78	5,01	5,60	5,54
	20	2,86	2,66	3,01	3,25	3,33	3,68
	30	2,34	2,28	2,34	2,77	2,58	2,75
	45	1,84	1,70	1,40	1,63	1,86	1,65
85 %	20	4,24	3,07	4,36	3,87	4,18	3,98

9.5 Wärmeübergang

9.5.1 Herleitung der Differentialgleichungen

Die Differentialgleichungen für das Fluid und den Feststoff ergeben sich mit Hilfe einer differentiellen Bilanz an einem differentiellen Volumenelement (Schlünder und Tsotsas, 1988; Bird et al., 2007):

Fluide Phase

$$\dot{q}_{f,ax} \cdot \psi \cdot 2 \cdot \pi \cdot r \cdot dr - \left[\dot{q}_{f,ax} + \frac{\partial \dot{q}_{f,ax}}{\partial z} \cdot dz\right] \cdot \psi \cdot 2 \cdot \pi \cdot r \cdot dr + \dot{q}_{f,r} \cdot \psi \cdot 2 \cdot \pi \cdot r \cdot dz -$$

$$- \left[\dot{q}_{f,r} + \frac{1}{r} \cdot \frac{\partial(\dot{q}_{f,r} \cdot r)}{\partial r} \cdot dr\right] \cdot \psi \cdot 2 \cdot \pi \cdot r \cdot dz + u \cdot \rho_f \cdot c_{p,f} \cdot T_f \cdot \psi \cdot 2 \cdot \pi \cdot r \cdot dr -$$

$$- u_0 \cdot \rho_f \cdot c_{p,f} \cdot \left[T_f + \frac{\partial T_f}{\partial z} \cdot dz\right] \cdot \psi \cdot 2 \cdot \pi \cdot r \cdot dr - \alpha \cdot S_v \cdot (T_f - T_s) \cdot 2 \cdot \pi \cdot r \cdot dr \cdot dz =$$

$$= \psi \cdot \rho_f \cdot c_{p,f} \cdot \frac{\partial T_f}{\partial t} \cdot 2 \cdot \pi \cdot r \cdot dr \cdot dz$$

Feste Phase

$$\dot{q}_{s,ax} \cdot (1-\psi) \cdot 2 \cdot \pi \cdot r \cdot dr - \left[\dot{q}_{s,ax} + \frac{\partial \dot{q}_{s,ax}}{\partial z} \cdot dz\right] \cdot (1-\psi) \cdot 2 \cdot \pi \cdot r \cdot dr + \dot{q}_{s,r} (1-\psi) \cdot 2 \cdot \pi \cdot r \cdot dz -$$

$$- \left[\dot{q}_{s,r} + \frac{1}{r} \cdot \frac{\partial(\dot{q}_{s,r} \cdot r)}{\partial r} \cdot dr\right] \cdot (1-\psi) \cdot 2 \cdot \pi \cdot r \cdot dz + \alpha \cdot S_v \cdot (T_f - T_s) \cdot 2 \cdot \pi \cdot r \cdot dr \cdot dz =$$

$$= (1-\psi) \cdot \rho_s \cdot c_{p,s} \cdot \frac{\partial T_s}{\partial t} \cdot 2 \cdot \pi \cdot r \cdot dr \cdot dz$$

Mit Hilfe des Fourier'schen Gesetzes ($\dot{q}_{i,r} = -\lambda_i \cdot \frac{\partial T_i}{\partial r}$ und $\dot{q}_{i,ax} = -\lambda_i \cdot \frac{\partial T_i}{\partial z}$) folgt

für die fluide Phase

$$\frac{\partial T_f(z,r,t)}{\partial t} = \frac{\lambda_f}{\rho_f \cdot c_{p,f}} \cdot \left(\frac{\partial^2 T_f(z,r,t)}{\partial r^2} + \frac{1}{r} \cdot \frac{\partial T_f(z,r,t)}{\partial r}\right) + \frac{\lambda_f}{\rho_f \cdot c_{p,f}} \cdot \frac{\partial^2 T_f(z,r,t)}{\partial z^2} -$$

$$- u_0 \cdot \frac{\partial T_f(z,r,t)}{\partial z} - \frac{\alpha \cdot S_v \cdot (T_f(z,r,t) - T_s(z,r,t))}{\rho_f \cdot c_{p,f} \cdot \psi}$$

und die feste Phase

$$\frac{\partial T_s(z,r,t)}{\partial t} = \frac{\lambda_s}{\rho_s \cdot c_{p,s}} \cdot \left(\frac{\partial^2 T_s(z,r,t)}{\partial r^2} + \frac{1}{r} \cdot \frac{\partial T_s(z,r,t)}{\partial r}\right) + \frac{\lambda_s}{\rho_s \cdot c_{p,s}} \cdot \frac{\partial^2 T_f(z,r,t)}{\partial z^2} +$$

$$+ \frac{\alpha \cdot S_v \cdot (T_f(z,r,t) - T_s(z,r,t))}{\rho_s \cdot c_{p,s} \cdot (1-\psi)}$$

9.5.2   Entdimensionierte Energiegleichung für die fluide Phase

Ausgangspunkt ist die Energiegleichung für die fluide Phase unter der Annahme einer adiabaten Wand:

$$\frac{\partial T_f(z,t)}{\partial t} = \kappa \cdot \frac{\partial^2 T_f(z,t)}{\partial z^2} - u(r) \cdot \frac{\partial T_f(z,t)}{\partial z} - \frac{\alpha \cdot S_v \cdot (T_f(z,t) - T_s(z,t))}{\rho_f \cdot c_{p,f} \cdot \psi}$$

Die Orts- und Zeitkoordinate werden wie folgt entdimensioniert:

$$z^+ = \frac{z}{d_h} \text{ bzw. } t^* = \frac{t}{\tau} \; ; \; \tau \text{ ist dabei die Verweilzeit}$$

Es folgt:
$$\frac{1}{\tau} \cdot \frac{\partial T_f(z,t)}{\partial t^*} = \frac{\kappa}{d_h^2} \cdot \frac{\partial^2 T_f(z,t)}{\partial z^{+2}} - u(r) \cdot \frac{\partial T_f(z,t)}{\partial z} - \frac{\alpha \cdot S_v \cdot (T_f(z,t) - T_s(z,t))}{\rho_f \cdot c_{p,f} \cdot \psi}$$

Für ein Kolbenprofil gilt $u(r) = \overline{u}$. Weiterhin gilt: $z^* = \frac{\kappa}{\overline{u} \cdot d_h} \cdot \frac{z}{d_h} = \frac{1}{Pe} \cdot z^+$

Eingesetzt ergibt sich mit $Fo = \frac{\kappa \cdot \tau}{d_h^2}$ und $Pe = \frac{\overline{u} \cdot d_h}{\kappa}$:

$$\frac{1}{Fo} \cdot \frac{\partial T_f(z,t)}{\partial t^*} = \frac{1}{Pe^2} \cdot \frac{\partial^2 T_f(z,t)}{\partial z^{*2}} - \frac{\partial T_f(z,t)}{\partial z^*} - \frac{\alpha \cdot S_v \cdot d_h^2}{\lambda \cdot \psi} \cdot (T_f(z,t) - T_s(z,t))$$

9.5.3 Experimentell ermittelte Wärmeübergangskoeffizienten

In der folgenden Tabelle sind die experimentell bestimmten Wärmeübergangskoeffizienten für Al_2O_3-Schwämme aufgelistet.

$\psi_{Hersteller}$	ppi	$u_0 / \mathrm{m\,s^{-1}}$	$\alpha / \dfrac{\mathrm{W}}{\mathrm{m^2\,K}}$	$\psi_{Hersteller}$	ppi	$u_0 / \mathrm{m\,s^{-1}}$	$\alpha / \dfrac{\mathrm{W}}{\mathrm{m^2\,K}}$
75 %	20	0,65	38	80 %	30	0,68	47
		1,15	60			1,09	76
		1,63	110			1,71	126
		2,36	157			2,24	160
		3,00	204			2,78	203
		3,48	213			3,56	228
		4,40	244			4,38	252
		4,92	236			4,91	258
80 %	10	0,68	55	80 %	45	0,72	64
		1,09	90			1,08	111
		1,87	152			1,65	192
		2,60	187			2,16	253
		3,31	214			2,87	273
		3,93	240			3,43	376
		4,63	313			3,59	363
		5,18	310			4,26	454
						4,80	512

$\psi_{Hersteller}$	ppi	$u_0\,/\,\mathrm{m\,s^{-1}}$	$\alpha\,/\,\dfrac{\mathrm{W}}{\mathrm{m^2\,K}}$	$\psi_{Hersteller}$	ppi	$u_0\,/\,\mathrm{m\,s^{-1}}$	$\alpha\,/\,\dfrac{\mathrm{W}}{\mathrm{m^2\,K}}$
80 %	20	0,59	40	85 %	20	0,73	60
		1,09	77			1,09	79
		1,62	84			1,56	116
		2,26	161			2,43	142
		2,86	201			3,02	165
		3,57	228			3,61	181
		4,30	212			4,05	166
		5,09	251			4,65	170
						5,21	171

In der folgenden Tabelle sind die experimentell bestimmten Wärmeübergangs-koeffizienten für OBSiC-Schwämme aufgelistet.

$\psi_{Hersteller}$	ppi	$u_0\,/\,\mathrm{m\,s^{-1}}$	$\alpha\,/\,\dfrac{\mathrm{W}}{\mathrm{m^2\,K}}$	$\psi_{Hersteller}$	ppi	$u_0\,/\,\mathrm{m\,s^{-1}}$	$\alpha\,/\,\dfrac{\mathrm{W}}{\mathrm{m^2\,K}}$
75 %	20	0,84	110	80 %	30	0,83	110
		1,13	129			1,15	140
		1,74	216			1,72	231
		2,26	291			2,31	271
		2,77	325			3,00	345
		3,46	340			3,53	370
		4,14	404			4,23	407
		4,73	401			4,82	547
80 %	10	0,82	126	80 %	45	0,83	61
		1,16	211			1,14	79
		1,73	352			1,70	150
		2,38	403			2,17	179
		2,83	455			2,72	217
		3,46	451			3,23	251
		4,45	530			4,07	250
		5,04	551			4,65	350
80 %	20	0,82	123	85 %	20	0,83	147
		1,15	144			1,15	171
		1,64	244			1,76	250
		2,34	314			2,35	287
		2,79	344			3,05	377
		3,59	373			3,69	382
		4,30	396			4,40	468
		4,90	531			5,01	431

In der folgenden Tabelle sind die experimentell bestimmten Wärmeübergangskoeffizienten für Mullit-Schwämme aufgelistet.

$\psi_{Hersteller}$	ppi	$u_0\,/\,\mathrm{m\,s^{-1}}$	$\alpha\,/\,\dfrac{\mathrm{W}}{\mathrm{m^2\,K}}$	$\psi_{Hersteller}$	ppi	$u_0\,/\,\mathrm{m\,s^{-1}}$	$\alpha\,/\,\dfrac{\mathrm{W}}{\mathrm{m^2\,K}}$
75 %	20	0,81	79	80 %	30	0,84	131
		1,14	91			1,15	159
		1,70	141			1,72	251
		2,35	164			2,26	351
		2,75	184			2,79	370
		3,43	206			3,47	542
		4,29	218			4,16	505
		4,83	276			4,87	547
80 %	10	0,69	41	80 %	45	0,85	36
		1,17	61			1,15	41
		1,59	90			1,69	60
		2,31	114			2,21	70
		2,83	131			2,76	74
		3,54	166			3,31	87
		4,31	196			3,99	91
		5,09	264			4,65	221
80 %	20	0,65	61	85 %	20	0,84	94
		1,13	80			1,14	157
		1,64	156			1,62	215
		2,27	183			2,35	281
		2,82	221			2,86	322
		3,52	256			3,43	333
		4,22	322			4,26	444
		5,06	438			4,96	469

9.5.4 Literaturvergleich mit α-Daten von Schlegel et al. (1993)

In der folgenden Tabelle ist der mittlere und der maximale relative Fehler zwischen den experimentellen Daten und den Literaturdaten von Schlegel et al. (1993) aufgelistet.

$\psi_{Hersteller}$	ppi	Material	maximaler rel. Fehler*	mittlerer rel. Fehler*
75 %	20 ppi	Al_2O_3	21 %	11 %
		OBSiC	48 %	28 %
		Mullit	16 %	11 %
80 %	10 ppi	Al_2O_3	52 %	29 %
		OBSiC	152 %	118 %
		Mullit	42 %	20 %

$\psi_{Hersteller}$	ppi	Material	maximaler rel. Fehler*	mittlerer rel. Fehler*
80 %	20 ppi	Al_2O_3	28 %	22 %
		OBSiC	55 %	37 %
		Mullit	41 %	22 %
	30 ppi	Al_2O_3	38 %	15 %
		OBSiC	54 %	35 %
		Mullit	73 %	37 %
	45 ppi (bzw. 50 ppi**)	Al_2O_3	60 %	29 %
		OBSiC	36 %	21 %
		Mullit	74 %	64 %
85 %	20 ppi	Al_2O_3	32 %	17 %
		OBSiC	50 %	36 %
		Mullit	39 %	30 %

* Fehler bezogen auf die Literaturwerte

** in Schlegel et al. (1993) lediglich Vergleichsdaten für 50 ppi-Schwämme vorhanden

9.6 Zweiphasen-Ruhewärmeleitfähigkeit

9.6.1 Berechnungsgleichungen zur Auswertung der Versuchsdaten aus der Zweiplattenapparatur

Im Folgenden sind die Berechnungsgleichungen für das explizite Differenzenverfahren zur Bestimmung der Zweiphasen-Ruhewärmeleitfähigkeit (hier beispielhaft für das Referenzstück, die Gleichungen für den Schwamm wurden analog formuliert) aufgeführt.

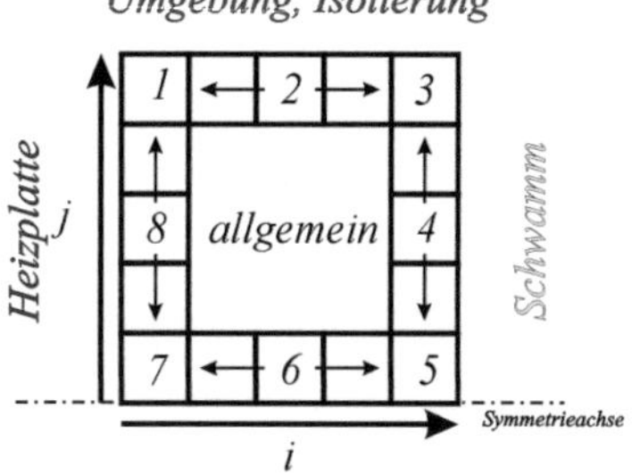

Fall 1 (i = 1; j = 50):

$$T_{1,50} = \frac{T_{1,49}\left(\dfrac{1}{2j-1}-1\right) - T_{2,50} - T_U\left(\dfrac{k_U\Delta}{\lambda_T}\left(1+\dfrac{1}{2j-1}\right)\right) - \dfrac{\alpha_{HP}\Delta}{\lambda_T}T_{HP}}{\dfrac{1}{2j-1} - \dfrac{\alpha_{HP}\Delta}{\lambda_T} - \dfrac{k_U\Delta}{\lambda_T}\left(1+\dfrac{1}{2j-1}\right) - 2}$$

Fall 2 (2 ≤ i ≤ 24; j = 50):

$$T_{i,50} = \frac{T_{i,49}\left(\dfrac{1}{2j-1}-1\right) - T_{i+1,50} - T_U\left(\dfrac{k_U\Delta}{\lambda_T}\left(1+\dfrac{1}{2j-1}\right)\right) - T_{i-1,50}}{\dfrac{1}{2j-1} - \dfrac{k_U\Delta}{\lambda_T}\left(1+\dfrac{1}{2j-1}\right) - 3}$$

Fall 3 (i = 25; j = 50):

$$T_{25,50} = \frac{T_{25,49}\left(\dfrac{1}{2j-1}-1\right) - T_{S1,50}\dfrac{\alpha_M\Delta}{\lambda_T} - T_U\left(\dfrac{k_U\Delta}{\lambda_T}\left(1+\dfrac{1}{2j-1}\right)\right) - T_{24,50}}{\dfrac{1}{2j-1} - \dfrac{k_U\Delta}{\lambda_T}\left(1+\dfrac{1}{2j-1}\right) - \dfrac{\alpha_M\Delta}{\lambda_T} - 2}$$

Fall 4 (i = 25; 2 ≤ j ≤ 49):

$$T_{25,j} = \frac{T_{25,j-1}\left(\dfrac{1}{2j-1}-1\right) - T_{S1,j}\dfrac{\alpha_M\Delta}{\lambda_T} - T_{25,j+1}\left(1+\dfrac{1}{2j-1}\right) - T_{24,j}}{-\dfrac{\alpha_M\Delta}{\lambda_T} - 3}$$

Fall 5 (i = 25; j = 1):

$$T_{25,1} = \frac{-T_{S1,1}\dfrac{\alpha_M\Delta}{\lambda_T} + T_{25,2}\left(1+\dfrac{1}{2j-1}\right) - T_{24,1}}{\dfrac{1}{2j-1} - \dfrac{\alpha_M\Delta}{\lambda_T}}$$

Fall 6 (2 ≤ i ≤ 24; j = 1):

$$T_{i,1} = \frac{-T_{i,2}\left(1+\dfrac{1}{2j-1}\right) - T_{i-1,1} - T_{i+1,1}}{-\dfrac{1}{2j-1} - 3}$$

Fall 7 (i = 1; j = 1):

$$T_{1,1} = \cfrac{-T_{1,2}\left(1+\dfrac{1}{2j-1}\right)-T_{2,1}-T_{HP}\dfrac{\alpha_{HP}\Delta}{\lambda_T}}{-\dfrac{1}{2j-1}-\dfrac{\alpha_{HP}\Delta}{\lambda_T}-2}$$

Fall 8 (i = 1; 2 $\leq$ j $\leq$ 49):

$$T_{1,j} = \cfrac{-T_{1,j+1}\left(1+\dfrac{1}{2j-1}\right)-T_{2,j}-T_{HP}\dfrac{\alpha_{HP}\Delta}{\lambda_T}+T_{1,j-1}\left(\dfrac{1}{2j-1}-1\right)}{-\dfrac{\alpha_{HP}\Delta}{\lambda_T}-3}$$

Allgemeiner Fall (2 $\leq$ i $\leq$ 24; 2 $\leq$ j $\leq$ 49):

$$T_{i,j} = \cfrac{-T_{i,j+1}\left(1+\dfrac{1}{2j-1}\right)+T_{i,j-1}\left(\dfrac{1}{2j-1}-1\right)-T_{i+1,j}-T_{i-1,j}}{-4}$$

9.6.2   Experimentelle Daten

Die folgende Tabelle stellt die mit Hilfe der Zweiplattenapparatur experimentell bestimmten Zweiphasen-Ruhewärmeleitfähigkeiten denjenigen gegenüber, die mit Hilfe der in dieser Arbeit entwickelten Korrelation berechnet wurden (vgl. Kap. 6.1.5).

$\psi_{Hersteller}$	ppi	Al$_2$O$_3$		Mullit		OBSiC	
		$\lambda_{exp}/\lambda_{Luft}$	$\lambda_{ber}/\lambda_{Luft}$	$\lambda_{exp}/\lambda_{Luft}$	$\lambda_{ber}/\lambda_{Luft}$	$\lambda_{exp}/\lambda_{Luft}$	$\lambda_{ber}/\lambda_{Luft}$
75 %	20	112,39	117,25	22,01	18,33	70,43	38,60
80 %	10	92,64	94,36	13,47	15,55	52,16	32,25
	20	92,79	89,38	15,48	14,40	56,53	31,14
	30	90,01	89,69	18,28	16,05	57,09	31,51
	45	93,42	89,60	15,40	15,04	48,52	31,72
85 %	20	67,67	70,58	10,94	11,24	36,20	23,31

9.7 Axiale Zweiphasen-Wärmeleitfähigkeit

9.7.1 Herleitung des mathematischen Modells

Eine Energiebilanz um ein differentielles Volumenelement im Schwamm (betrachtet als kontinuierliche Phase) liefert (Schlünder und Tsotsas, 1988):

$$\left[(1-\psi)\cdot\rho_s\cdot c_{p,s}+\psi\cdot\rho_f\cdot c_{p,f}\right]\cdot\frac{\partial T}{\partial t}\cdot 2\cdot\pi\cdot r\cdot dr\cdot dz = -\left[\dot{q}_r+\frac{1}{r}\cdot\frac{\partial(r\cdot\dot{q}_r)}{\partial r}\cdot dr\right]\cdot 2\cdot\pi\cdot r\cdot dz +$$

$$+\dot{q}_r\cdot 2\cdot\pi\cdot r\cdot dz+\dot{q}_{ax}\cdot 2\cdot\pi\cdot r\cdot dr-\left[\dot{q}_{ax}+\frac{\partial\dot{q}_{ax}}{\partial z}\cdot dz\right]\cdot 2\cdot\pi\cdot r\cdot dr -$$

$$-u_0\cdot\rho_f\cdot c_{p,f}\cdot T\cdot 2\cdot\pi\cdot r\cdot dr+u_0\cdot\rho_f\cdot c_{p,f}\cdot\left(T+\frac{\partial T}{\partial z}\cdot dz\right)\cdot 2\cdot\pi\cdot r\cdot dr$$

Mit Hilfe des Fourier'schen Gesetzes ($\dot{q}_r=-\lambda_r\cdot\frac{\partial T}{\partial r}$ und $\dot{q}_{ax}=-\lambda_{ax}\cdot\frac{\partial T}{\partial z}$) folgt

$$\left[(1-\psi)\cdot\rho_s\cdot c_{p,s}+\psi\cdot\rho_f\cdot c_{p,f}\right]\cdot\frac{\partial T}{\partial t}=\lambda_r\cdot\left(\frac{1}{r}\cdot\frac{\partial T}{\partial r}+\frac{\partial^2 T}{\partial r^2}\right)+\lambda_{ax}\cdot\frac{\partial^2 T}{\partial z^2}+$$

$$+u_0\cdot\rho_f\cdot c_{p,f}\cdot\frac{\partial T}{\partial z}$$

9.7.2 Experimentelle Daten

In der folgenden Tabelle sind die experimentell bestimmten axialen Zwei-phasen-Wärmeleitfähigkeiten für Al_2O_3-Schwämme aufgelistet.

$\psi_{Hersteller}$	ppi	$u_0\,/\,\mathrm{m\,s^{-1}}$	$\lambda_{ax}\,/\,\dfrac{\mathrm{W}}{\mathrm{m\,K}}$	$\psi_{Hersteller}$	ppi	$u_0\,/\,\mathrm{m\,s^{-1}}$	$\lambda_{ax}\,/\,\dfrac{\mathrm{W}}{\mathrm{m\,K}}$
75 %	20	0,21	4,10	80 %	30	0,32	3,57
		0,11	3,99			0,21	3,18
		0,32	4,44			0,11	3,08
		0,11	2,49			0,45	4,25
		0,21	3,67			0,60	4,86
		0,32	4,60			0,60	4,71
		0,11	2,50			0,75	5,98
		0,75	6,46				
		0,60	5,64				
		0,46	4,65				
80 %	10	0,75	6,30	80 %	45	0,32	3,66
		0,60	5,44			0,21	3,09
		0,46	4,44			0,11	2,71
		0,32	3,47			0,74	4,90
		0,23	3,52			0,60	4,12
						0,46	4,22

$\psi_{Hersteller}$	ppi	$u_0/\mathrm{m\,s^{-1}}$	$\lambda_{ax}/\dfrac{\mathrm{W}}{\mathrm{m\,K}}$	$\psi_{Hersteller}$	ppi	$u_0/\mathrm{m\,s^{-1}}$	$\lambda_{ax}/\dfrac{\mathrm{W}}{\mathrm{m\,K}}$
80 %	20	0,32	3,73	85 %	20	0,32	3,61
		0,11	3,22			0,21	3,09
		0,21	3,37			0,11	2,72
		0,42	4,78			0,75	5,20
		0,42	4,35			0,60	4,32
		0,32	4,02			0,46	4,03
		0,21	3,51				
		0,11	3,16				
		0,90	6,38				
		0,80	6,31				
		0,62	5,56				
		0,44	4,50				

In der folgenden Tabelle sind die experimentell bestimmten axialen Zwei-phasen-Wärmeleitfähigkeiten für OBSiC-Schwämme aufgelistet.

$\psi_{Hersteller}$	ppi	$u_0/\mathrm{m\,s^{-1}}$	$\lambda_{ax}/\dfrac{\mathrm{W}}{\mathrm{m\,K}}$	$\psi_{Hersteller}$	ppi	$u_0/\mathrm{m\,s^{-1}}$	$\lambda_{ax}/\dfrac{\mathrm{W}}{\mathrm{m\,K}}$
75 %	20	0,76	5,47	80 %	30	0,90	6,20
		0,60	4,35			0,80	6,16
		0,46	3,86			0,62	5,28
		0,34	3,06			0,44	4,30
		0,24	2,50			0,36	3,73
						0,22	2,59
80 %	10	0,32	3,83	80 %	45	0,90	6,15
		0,21	3,44			0,79	5,66
		0,11	2,97			0,62	4,58
		1,11	7,81			0,44	3,99
		0,92	6,89			0,36	3,47
		0,74	6,09			0,22	2,38
		0,57	5,57				
		0,39	4,45				
		0,21	2,77				
80 %	20	0,32	3,07	85 %	20	0,74	5,36
		0,21	2,70			0,61	4,75
		0,21	2,70			0,47	3,84
		0,11	1,89			0,35	3,11
		0,75	6,28			0,23	2,16
		0,60	5,38				
		0,46	4,35				

In der folgenden Tabelle sind die experimentell bestimmten axialen Zwei-phasen-Wärmeleitfähigkeiten für Mullit-Schwämme aufgelistet.

$\psi_{Hersteller}$	ppi	$u_0 / \mathrm{m\,s^{-1}}$	$\lambda_{ax} / \dfrac{\mathrm{W}}{\mathrm{m\,K}}$	$\psi_{Hersteller}$	ppi	$u_0 / \mathrm{m\,s^{-1}}$	$\lambda_{ax} / \dfrac{\mathrm{W}}{\mathrm{m\,K}}$
75 %	20	0,75	5,80	80 %	30	0,32	3,15
		0,61	4,75			0,21	2,47
		0,47	3,82			0,11	1,63
		0,34	2,97			0,45	3,77
		0,21	1,93			0,59	4,45
						0,74	5,69
80 %	10	0,32	2,97	80 %	45	0,74	5,65
		0,21	2,32			0,60	4,91
		0,11	1,63			0,46	4,00
		0,43	3,72			0,32	3,01
		0,60	4,95			0,16	1,64
		0,75	5,53				
80 %	20	0,32	2,95	85 %	20	0,74	5,58
		0,11	1,85			0,61	4,69
		0,32	3,20			0,47	3,77
		0,74	5,42			0,34	2,89
		0,59	4,51			0,23	2,08
		0,46	4,30				
		0,19	1,92				

9.7.3 Axiale Dispersionskoeffizienten und extrapolierte Zweiphasen-Ruhewärmeleitfähigkeiten

für Al_2O_3-Schwämme:

$\psi_{Hersteller}$	ppi	K_{ax}	$\lambda_0 / \dfrac{\mathrm{W}}{\mathrm{m\,K}}$	$\psi_{Hersteller}$	ppi	K_{ax}	$\lambda_0 / \dfrac{\mathrm{W}}{\mathrm{m\,K}}$
75 %	20	0,79	3,17	80 %	30	0,64	2,42
80 %	10	1,12	2,30	80 %	45	0,64	2,52
80 %	20	0,70	2,60	85 %	20	0,90	2,15

für OBSiC-Schwämme:

$\psi_{Hersteller}$	ppi	K_{ax}	$\lambda_0 / \dfrac{\mathrm{W}}{\mathrm{m\,K}}$	$\psi_{Hersteller}$	ppi	K_{ax}	$\lambda_0 / \dfrac{\mathrm{W}}{\mathrm{m\,K}}$
75 %	20	0,84	1,66	80 %	30	0,59	1,64
80 %	10	1,07	1,88	80 %	45	0,36	1,37
80 %	20	0,66	1,31	85 %	20	0,77	0,93

für Mullit-Schwämme:

$\psi_{Hersteller}$	ppi	K_{ax}	$\lambda_0 / \dfrac{W}{mK}$	$\psi_{Hersteller}$	ppi	K_{ax}	$\lambda_0 / \dfrac{W}{mK}$
75 %	20	0,49	0,57	80 %	30	0,50	0,84
80 %	10	0,81	0,64	80 %	45	0,27	0,56
80 %	20	0,55	0,77	85 %	20	0,64	0,40

9.8 Radiale Zweiphasen-Wärmeleitfähigkeit

In der folgenden Tabelle sind die experimentell bestimmten radialen Zwei-phasen-Wärmeleitfähigkeiten für Al_2O_3-Schwämme aufgelistet.

$\psi_{Hersteller}$	ppi	u_0 / ms^{-1}	$\lambda_r / \dfrac{W}{mK}$	$\psi_{Hersteller}$	ppi	u_0 / ms^{-1}	$\lambda_r / \dfrac{W}{mK}$
75 %	20	0,43	0,79	80 %	30	0,71	0,83
		0,71	0,94			1,00	0,87
		1,00	1,07			1,29	1,01
		1,29	1,21			1,57	1,15
		1,57	1,37			1,86	1,22
		1,86	1,6			2,14	1,34
		2,14	1,71				
80 %	10	0,43	0,84	80 %	45	0,43	0,46
		0,71	1,03			0,71	0,55
		1,00	1,12			1,00	0,6
		1,29	1,23			1,29	0,7
		1,57	1,54			1,57	0,81
						2,14	1,1
80 %	20	0,54	0,72	85 %	20	0,43	0,46
		0,71	0,8			0,71	0,63
		0,89	0,91			1,00	0,75
		1,12	1,01			1,29	0,89
		1,34	1,14			1,57	1,07
		1,56	1,29			1,86	1,25
		1,79	1,41				
		2,01	1,45				
		2,23	1,55				
		2,46	1,68				

In der folgenden Tabelle sind die experimentell bestimmten radialen Zwei-phasen-Wärmeleitfähigkeiten für OBSiC-Schwämme aufgelistet.

$\psi_{Hersteller}$	ppi	$u_0\,/\,\mathrm{m\,s^{-1}}$	$\lambda_r\,/\,\dfrac{\mathrm{W}}{\mathrm{mK}}$	$\psi_{Hersteller}$	ppi	$u_0\,/\,\mathrm{m\,s^{-1}}$	$\lambda_r\,/\,\dfrac{\mathrm{W}}{\mathrm{mK}}$
75 %	20	0,43	0,66	80 %	30	0,43	0,45
		0,71	0,87			0,71	0,57
		1,00	1			1,00	0,74
		1,29	1,22			1,29	0,89
		1,57	1,45			1,57	0,96
		1,86	1,58			1,86	1,19
		2,14	1,76			2,14	1,33
80 %	10	0,43	0,64	80 %	45	0,43	0,42
		0,71	0,86			0,71	0,56
		1,00	1,06			1,00	0,59
		1,29	1,44			1,29	0,65
		1,57	1,63			1,57	0,73
		1,86	1,82			1,86	0,81
						2,14	1
80 %	20	0,43	0,54	85 %	20	0,43	0,49
		0,71	0,66			0,71	0,6
		1,00	0,82			1,00	0,77
		1,29	1,04			1,29	0,94
		1,57	1,22			1,57	1,12
		1,86	1,46			1,86	1,27
		2,14	1,51				

In der folgenden Tabelle sind die experimentell bestimmten radialen Zwei-phasen-Wärmeleitfähigkeiten für Mullit-Schwämme aufgelistet.

$\psi_{Hersteller}$	ppi	$u_0\,/\,\mathrm{m\,s^{-1}}$	$\lambda_r\,/\,\dfrac{\mathrm{W}}{\mathrm{mK}}$	$\psi_{Hersteller}$	ppi	$u_0\,/\,\mathrm{m\,s^{-1}}$	$\lambda_r\,/\,\dfrac{\mathrm{W}}{\mathrm{mK}}$
75 %	20	0,43	0,61	80 %	30	0,43	0,4
		0,71	0,74			0,71	0,57
		1,00	0,97			1,29	0,84
		1,29	1,06			1,57	1
		1,57	1,26			1,86	1,13
		1,86	1,38			2,14	1,23
		2,14	1,59				
80 %	10	0,43	0,82	80 %	45	0,43	0,34
		0,71	0,97			0,71	0,43
		1,00	1,08			1,00	0,57
		1,29	1,3			1,29	0,73
		1,57	1,54			1,57	0,79
80 %	20	0,43	0,48	85 %	20	0,43	0,4
		0,71	0,6			0,71	0,6
		1,00	0,84			1,00	0,82
		1,29	1,03			1,29	0,96
		1,57	1,21			1,57	1,09
		1,86	1,48			1,86	1,26
		2,14	1,59				

10 Lebenslauf

Benjamin Dietrich, geboren am 26.02.1980 in Tettnang/ Bodenseekreis

10.1 Schulische Ausbildung und Zivildienst

10 / 1999 – 08 / 2000	Ableistung des Zivildienstes am Bodenseekreis-Krankenhaus Tettnang
09 / 1990 – 06 / 1999	Besuch des Montfort-Gymnasiums in Tettnang, Abgang mit Abitur (Note 1,6)
09 / 1986 – 06 / 1990	Besuch der Nonnenbach-Grundschule in Kressbronn

10.2 Studium

10 / 2000 – 11 / 2005	Studium Chemieingenieurwesen und Verfahrenstechnik an der Universität Karlsruhe (TH) Vertiefungen: Thermische Verfahrenstechnik (Note 1,3) Angewandte Mechanik (Note 1,0)
08.10.2002	Erwerb des Vordiploms (Note 1,9)
30.11.2005	Erwerb des Diploms (Note 1,7)

10.2.1 Studien- und Diplomarbeit

06 / 2005 – 11 / 2005	Diplomarbeit am Institut für Thermische Verfahrenstechnik der Universität Karlsruhe (TH): Quantitative Bestimmung von Staubeinbindungsraten bei der Wirbelschichtsprühgranulation (Note 1,0)
12 / 2003 – 08 / 2004	Studienarbeit am Engler-Bunte-Institut, Bereich Wasserchemie der Universität Karlsruhe (TH): Östrogene Aktivität ausgewählter organischer UV-Filtersubstanzen (UFiS) und ihrer Reaktionsprodukte bei der Wasseraufbereitung (Note 1,0)

10.2.2 Studienbegleitende Tätigkeit

10 / 2001– 06 / 2005   Tätigkeit als wissenschaftliche Hilfskraft am Engler-Bunte-Institut, Bereich Wasserchemie der Universität Karlsruhe (TH)

10.3 Berufliche Tätigkeit

Seit 01 / 2006   Tätigkeit als wissenschaftlicher Mitarbeiter am Institut für Thermische Verfahrenstechnik der Universität Karlsruhe (TH) bzw. seit 2009 Karlsruher Institut für Technologie (KIT):

- Bearbeitung des DFG-Antrages „Impuls- und Wärmetransport in einphasig durchströmten festen Schwämmen" innerhalb der Forschergruppe FOR 583, Veröffentlichung der Ergebnisse in wissenschaftlichen Zeitschriften sowie diversen Tagungen
- Durchführung und Organisation des vorlesungsbegleitenden Kurses zur Prozess-Simulation mit Aspen Plus (2007-2009)
- Mitarbeit beim Hochschulkurs „Kristallisation" 2008
- Mitarbeit beim Hochschulkurs „Wärmeübertragung" 2010
- Durchführung von Übungen zu den Vorlesungen Wärme- und Stoffübertragung (2006-2009)
- Konzeption und Korrektur von Klausuraufgaben zu den Vorlesungen Wärme- und Stoffübertragung
- Durchführung von Praktika im Bereich der L-L-Extraktion, chem. Absorption und Trocknung für Studienanfänger und Fortgeschrittene
- Betreuung von Studien- und Diplomarbeiten